NF文庫
ノンフィクション

新装解説版

最強兵器入門

戦場の主役徹底研究

野原 茂ほか

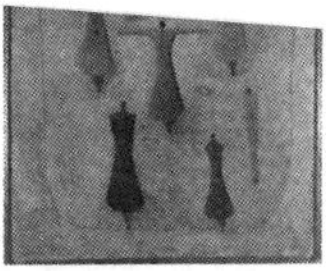

潮書房光人新社

『最強兵器入門』目次

写真提供／帆足孝治・雑誌「丸」編集部

最強兵器入門

戦場の主役徹底研究

最強戦闘機10傑

第1章

1

野原　茂

■性能比較による優劣

第二次大戦の戦闘機では、どれが強かったのか

第二次世界大戦に登場した連合国、枢軸国双方の戦闘機は、主なものだけでも数十種にのぼり、そのいずれもが祖国の命運をかけて戦火のなかに身を投じた。

あるものは、性能以上のはたらきで勝利へ多大の貢献をし、あるものは高性能をもちながら、不運にも真価を発揮できずに消えていったものなど、さまざまな一生をおくった。

昨今の戦記マンガ・ブームの影響もあってか、年少読者の、これら大戦機の性能比較への興味が高まっている。

いわくＢｆ109対スピットファイアはどちらが強いか？「疾風」対Ｆ６Ｆはどちらが勝ったか？――などの論議がさかんな

ようである。

しかし、これらの答えはかんたんにはでない。

たしかにカタログ・データは、その機体の優劣を証明する重要な要素ではある。しかし、戦争は戦闘機の性能コンテストの場ではない。

いくら高性能機でも、その機体を操縦するパイロットが未熟ではどうしようもないし、運用法の良否によっても、結果は大きくちがってくる。

そこで、筆者の「独断と偏見」をもって、つぎの機種を代表にえらんでみた。

〔日本〕三菱零式艦上戦闘機、中島四式戦闘機「疾風」
〔ドイツ〕メッサーシュミットBf109、フォッケウルフFw190、
　　メッサーシュミットMe262シュバルベ
〔アメリカ〕チャンスボートF4Uコルセア、グラマンF6Fヘルキャット、リパブリックP47サンダーボルト、ノースアメリカンP51マスタング
〔イギリス〕スーパーマリン・スピットファイア

ただし、今回の性能比較は、あくまでもカタログ・データに

Ｍｅ262シュバルベ

もとづいたもので、これだけで個々の機体の優劣が決定するものではない。

一〇機種の選考には異論もあると思われるが、基準としては、出現当時に性能的にすぐれ、なおかつ実戦においても相応の働きをしたという点においた。

バリエーションの多い機体については、当然ながら、後期型になるほど性能は向上していくわけで、データは実戦上、貢献度の高い大戦中期の代表型を選んである。

一、速力

最高速度マッハ二以上が標準となった現代では、戦闘機の速度性能は、ひと昔前ほど絶対的な要素ではなくなった。しかし、レシプロ戦闘機全盛の第二次大戦当時は、速度性能はその機体の優劣を決定する重要な要素であった。

第二次大戦開戦当時の各国主力戦闘機の最高速度は、ほぼ時速五〇〇～六〇〇キロメートルであったが、終戦時には七〇〇キロメートルが標準になっていた。

ジェット機Ｍｅ262の八七〇キロ／時は別格として、主力戦闘機としてもっとも速かったのはＰ51Ｂの七〇七キロ／時、ついで改良型Ｐ51Ｄの七〇三キロ／時である。

アリソン・エンジン搭載のＡ型が六二八キロ／時にしかすぎなかったことを考えると、マーリン・エンジンがＰ51を一夜にして傑作機に変身させたことになる。

Ｐ47の六九〇キロ／時、Ｆ４Ｕの六三六キロ／時とアメリカ軍の二〇〇〇馬力級機は、それ相応の性能をだしているが、Ｆ６Ｆのみは五九四キロと一〇〇〇馬力級なみである。

これには理由があって、短時間で戦力化するための堅実な設計と、充分な防御をほどこした結果である。対戦した相手が、速度の低い日本海軍機だけに、このていどでも戦えたからであった。

大戦の全期間を通してイギリス空軍の主力戦闘機として君臨したスピットファイアは、初期のＭｋ１は五九〇キロ／時にすぎなかったが、改良を重ねるごとに速度が向上し、Ｍｋ９で六七〇キロ／時、最終型のＭｋ24（完成は戦後）では七三〇キロ／時にたっしている。

ドイツ戦闘機も、速度性能では米、英機に対して遜色はなく、Ｂｆ109は初期のＥ型の時速五七〇キロからＦ型の六三〇キロ、Ｇ型の六二三キロをへて最終型のＫ４型では、Ｐ51をしのぐ七

「疾風」

二八キロにたっしている。

Ｆｗ109も同様で、Ａ３型の六一五キロ／時をかわきりに、Ａ８型の六五六キロ／時、液冷エンジンに換装したＤ９型の六九五キロ／時、さらに最終型のＴａ152では、なんと七五〇キロ／時の快速をほこった。

ただし、Ｄ９型、Ｔａ152は、いずれも登場時期、生産数などの面でＰ51にはとても匹敵しえなかった。

いっぽう、欧米機にくらべて速度性能の面で大きく水をあけられたのは、日本の陸海軍機であった。零戦二一型の五三三キロ／時は登場時期からしてまずまずであるが、三二型の五四〇キロ／時、五二型の五六五キロ／時と、新型がつくられても速度性能自体はほとんど向上していない。これは、エンジンそのものの馬力がアップしていないことにもよるが、零戦自体がすでに発展性のない完成品だったことが原因である。

大東亜決戦機と目された陸軍期待の二〇〇〇馬力級戦闘機「疾風」も、最高速度六二四キロ／時と日本の実用戦闘機のなかでは最速をほこったが、同時期の欧米機とくらべると、見おとりがしてしまう。

「疾風」とおなじ〝誉〟エンジンを搭載した、海軍の局地戦闘機「紫電改」にいたっては、五九五キロ／時と、Ｆ６Ｆなみである。Ｂｆ109とおなじエンジンを搭載した陸軍の三式戦闘機「飛燕」も、みた目には速そうだが、実際は五六〇キロ／時にすぎず、零戦とかわりはない。

速度性能の比較といっても、前述したようにスピットファイア、Ｂｆ109、Ｆｗ190などは、同一機種でも初期型と後期型では一〇〇キロ以上も差があるので、単純な比較はできないことがおわかりいただけよう。

二、武装

第二次大戦時の戦闘機が多用した機銃は、七・七（七・九二）ミリ、一二・七（一三）ミリ、二〇ミリ、三〇ミリの四種で、搭載の組みあわせは国によって特徴があった。

米軍機は中口径多銃法をとり、日、英、独機は小口径、大口径を併用した。どちらが有利かは一概にいえないが、対戦闘機戦にかぎれば、結果からみて米軍機の中口径多銃法が、第二次大戦当時には適していたようである。

Ｐ51、Ｆ６Ｆ、Ｆ４Ｕ、Ｐ47ともすべて同一のブローニング一二・七ミリ機銃六～八梃であり、口径はさほどではないが、

Fw190G-3

発射速度がはやく、弾道特性にすぐれており、相手に倍する携行弾数は大きな脅威であった。

スピットファイアは、初期のMk1〜Mk5aまでは七・七ミリ×八と小口径多銃法であったが、Mk5B以降は七・七ミリ×四、二〇ミリ×二または二〇ミリ×四と、しだいに大口径に移行していった。

搭載したイスパノ二〇ミリ機関砲は、携行弾数こそすくなかったが、弾道特性のよい、すぐれた機関砲であった。

ドイツはもともと銃器関係にすぐれた国であり、小口径、大口径砲ともに優秀であった。とくにドイツ空軍機のほとんどが搭載したモーゼルMG151／20は、当時の各国二〇ミリ機関砲のなかでは出色の性能であった。

Bf109はE型のMG17七・九二ミリ×二、MGFF二〇ミリ×二から、F型のMG17七・九二ミリ×二、MG151／20二〇ミリ×一、G、K型のMG131×二、MG151／20二〇ミリ×一と、あまり大きな変化はなかった。

対照的にFw190は余裕馬力をいかしてA3型のMG17七・九二ミリ×二、MGFF二〇ミリ×二、MG151／20二〇ミリ×二と、同時期の単発戦闘機としては空前の重火力をほこり、これは後期のA8型にいたって、MG131一三ミリ×二、MG151／20二〇ミリ×四または六となって頂点にたっした。

Me262のMk108三〇ミリ×四を別格とすれば、こと火力にかんしては、本機が第二次大戦型レシプロ単発戦闘機のうちで最強である。

零戦は、世界最初の二〇ミリ機銃搭載戦闘機となったが、初期のエリコン式二〇ミリは弾道特性が悪く、携行弾数もすくなく、けっして優秀な機関砲ではなかった。五二型以降、長砲身の九九式二号銃になって、ようやく欧米の水準なみになったといえる。

後継の局地戦闘機「雷電」「紫電改」が二〇ミリ×四を標準としたが、時すでに遅しの感があった。

いっぽう陸軍は、二〇ミリ機関砲の戦力化という点では海軍に遅れをとり、一式戦闘機「隼」、二式単座戦闘機「鍾馗」、「飛燕（乙）」まで一二・七ミリしか装備できず、昭和十八年、急場しのぎにドイツからMG151／20を輸入して「飛燕」に搭載するありさまだった。

はじめから二〇ミリを標準装備したのは「疾風」が最初であり、火力の面で各国主力機におとっていたことはいなめない。

P47Bサンダーボルト

火力とともに地上攻撃に威力を発揮する戦闘機、すなわち戦闘爆撃機としての優劣をきめるのが搭載能力である。これは、エンジン馬力が大きいこともさることながら、機体のタフネスがモノをいう。

たとえば、おなじ二〇〇〇馬力エンジンを搭載したP47と「疾風」をくらべても、前者の最大九〇〇キログラムにたいし、後者は五〇〇キログラムと倍ちかい差がある。

Me262の一〇〇〇キログラムは当然として、他のレシプロ機では、やはりP47が最高であろう。

しかし、Fw190も戦闘爆撃機型のF、Gシリーズとなると、最大一トンまでが搭載可能となり、P47に匹敵する。

F6F、F4U、P51も最大九〇〇キロまで搭載可能、Bf109、スピットファイア、「疾風」が五〇〇キロ、零戦は一二〇キロに過ぎなかったが、これはエンジン出力からみれば相応だろう。

単に搭載量を比較しただけでは、Me262、P47以外はそれほどの差はないが、米英機は末期にロケット弾、ナパーム弾を実用化しているので、実戦での効果は枢軸側を圧倒している。

上昇力(m/秒)	翼面過重(kg/m²)	航続力(km)	生産数(全型)
16.0	106	3350(二一型)	1万1025
9.2	170	1600	3500
16.5 (−3型)	186 (−3型)	1750	1万2276
14.7	188	3565	1万1743
14.1	235	2740	1万5677
17.7	218	3700	1万4066
20.1	151	670	2万1767
17.0	230	560	3万480
11.9	219	1300	2万1
11.5	319	1050	1433

三、上昇力

通常戦闘や地上支援のさいには、上昇力の優劣はさほど影響ないが、こと迎撃任務となると、これがモノを言う。

もともと上昇力というのは、エンジン馬力と機体重量の比で決まるため、Ｂｆ109、スピットファイアといった比較的に小型の機体がすぐれている。

速度性能では一〇傑のなかで最低であった零戦も、こと上昇力にかんしては、Ｆｗ190、Ｐ47、Ｆ４Ｕなどを上まわっている。この分野では総体的に軽くつくられた日本機が有利だった。

ジェット・エンジン装備のＭｅ262は、その最高速度からみれば、上昇力もトップと思われがちだが、機体重量が重いこともあって、Ｆｗ190Ａ８と同程度である。

四、旋回性能

一九三〇年代なかばまで、各国の戦闘機設計者たちは、つねに旋回能力をいかに高めるかに腐心してきた。複葉戦闘機全盛の時代だったから、これは当然のことである。

しかし、全金属製の低翼単葉機が主流となってからは、高速を利した一撃離脱戦法が主戦法となり、組んずほぐれつのドッ

各国戦闘機性能比較

機　　名	最高時速(km/時)	機　　銃
零戦五二型	565	7.7mm×2、20mm×2
疾風	624	12.7mm×2、20mm×2
F6F-5	594	12.7mm×6
F4U-1	636	12.7mm×6
P47D	690	12.7mm×8
P51D	703	12.7mm×6
スピットファイアMk9	670	7.7mm×4、20mm×2
Bf109G-6	623	13mm×2、20mm×1
Fw190A-8	656	13mm×2、20mm×4
Me262A-1	870	30mm×4

グファイトは過去のものとなってしまった。

ただ、日本陸海軍のみは、時代に逆行するように旋回能力に固執したために、開戦時の主力機であった零戦、「隼」ともに、欧米機をはるかにしのぐ旋回能力をもっていた。

対戦した連合軍機がまともに旋回戦闘をいどんできたため、緒戦は圧勝したが、戦法を一撃離脱に切りかえられたのちは互角となり、F6F、P47、F4Uなどの二〇〇〇馬力級機が出現すると、完全に劣勢となった。

そういった意味で、第二次大戦における戦闘機の優劣を決定するのに、旋回能力はさして重要な要素とはいえない。

ただ、現在のマッハ二級超音速主力戦闘機は、一時期のような速度性能一点張りの設計方針から、空中機動能力を重視する傾向になったことは興味ぶかい。といっても、現在の超音速戦闘機の空中機動能力というのは、レシプロ戦闘機の旋回能力とはまったく次元の異なるものであることはいうまでもない。

一〇傑のそれぞれが、旋回半径何メートルなどという厳密なデータはあり得ないので、比較表は旋回能力をはかるひとつの目安となる翼面荷重（全備重量／翼面積）によった。これが小さいほど旋回能力にすぐれるわけである。

F4Uコルセア

やはり零戦が他を圧倒していることがわかるが、ヘビー級艦戦といわれるF6Fが予想外に低く、「疾風」とほぼ同等であることに注目。これは、全備重量が五五〇〇キログラムと零戦の二倍だが、翼面積が三一平方メートルと、零戦の約一・五倍も大きいからである。

対照的に零戦よりひとまわり小さいBf109が、世界一の単発巨人戦闘機P47-Dとほぼ同等というのには驚く。

重量はさほどでないが、設計当初から一撃離脱戦法を考慮し、極端に小さい主翼(一六・二平方メートル)としたためである。あるていどの旋回能力を重視した、スピットファイアとは好対照であった。

さすがにMe262は、旋回能力は一〇傑のなかで最低であるが、これは当然であろう。

五、航続性能

戦闘機にかぎらず、どんな航空機でも、より遠く、長い時間飛行できるにこしたことはない。しかし、現実にはいろいろの要素をバランスよく充たさなければならないので、航続性能だけを優先するわけにはいかない。

零式艦上戦闘機21型

そんな条件のなかで、零戦が出現当時としては破格の大航続性能をもっていたのは、驚嘆に値する。これは落下増槽、燃費にすぐれた〝栄〟エンジン、機体設計のよさに負うところ大である。

日、米機は総じて航続距離がながく、対照的に英、独機は極端にみじかい。これは運用上の差からくるもので、基地を飛びたてば、すぐに戦闘空域に達してしまうヨーロッパ大陸では、さほど大きな航続力は必要としない。

ただ、Ｂｆ109の五六〇キロメートル、スピットファイアの六七〇キロメートルはみじかすぎたようだ。とくに北フランスから英本土へ侵攻したＢｆ109が、空戦時間わずか十分というハンディをおわされ、バトル・オブ・ブリテン敗退の一因となった。

スピットファイアも大陸反攻のときになって、Ｐ51やＰ47のように長距離進攻ができず、もっぱら英仏海峡や北フランス沿岸部でしか活躍の場がなかったことなど、航続距離のみじかさがわざわいした。

単発レシプロ戦闘機のうちで最高の航続性能をほこったのはＰ51で、零戦を三五〇キロも上まわる三七〇〇キロに達した。陸軍機でありながらこの大航続力、いかに本機の空力設計がす

F6Fヘルキャット

ぐれていたかを物語っている。

英本土からボーイングB17、コンソリデーテッドB24を護衛してのドイツ本土進攻、硫黄島からボーイングB29を護衛しての、日本本土進攻と、本機の航続能力は最大限に発揮された。日本海軍の零戦、一式陸攻が時代に先がけて開発した戦爆連合の長駆進攻の思想は、数年後、それをはるかにこえるスケールで、米陸軍がみごとに完成させたのである。

なお、比較表の数値は、いずれも増槽装備時の最大航続距離をしめす。

六、生産数

性能的にほぼ互角ならば、数にまさる側が勝つのはいつの時代もかわりはない。したがって、生産数の多い機体は、それだけ戦局に貢献しているわけで、傑作機の資格は十分にある。

この分野では、工業力で他国を圧倒する米国が断然トップで、一〇傑にはいった四機すべてが一万機以上生産という実績をもつ。

ただし、ドイツ機もかなり高い生産数をほこり、Bf109の三万四八〇機は単一機種としては世界一であり、Fw190も二万一機にたっしている。

スピットファイアはBｆ109とおなじく、ほぼ一〇年の長期にわたって量産されたが、生産性という点でBｆ109におとり、二万一七六七機にとどまった。

ちなみに、ハリケーンは一万四二三一機。

日本は資源力がとぼしいこともあって、生産数に関しては、欧米に比較してかなりおとる。

日本機として最高の零戦が一万一〇二五機で、二位は「隼」の五七五一機、三位が「疾風」で三五〇〇機、四位が「飛燕」三一五九機となっている。零戦の後継と目された「紫電改」はわずか四二〇機にすぎず、これはもう性能以前の問題であった。

ただひとつ評価できるのは、「疾風」の生産率の高さで、わずか二年弱という短期間に、三五〇〇機も量産した中島飛行機の生産力は誇れる。

Ｍｅ262は試作機の完成時期からみて、もうすこし早く実戦化でき、生産数も三〇〇〇機以上は可能だったはずだが、ヒトラーをはじめとする空軍上層部の判断力のあまさもあって、連合軍のレシプロ戦闘機を圧倒することができなかった。

Bf109V

七、エンジン

搭載エンジンの馬力の大小は、すべてとはいえないが、その機体の性能に大きく影響することはたしかで、一〇〇〇馬力級と二〇〇〇馬力級では、性能的な比較はしょせん無意味である。

一〇傑のなかでは、零戦のみが一一三〇馬力であり、P51、スピットファイア、Bf109、Fw190が一五〇〇～一七〇〇馬力級、他はすべて二〇〇〇馬力級である。Me262は推力八九〇キログラム×二。

Me262を別格として、総合性能でトップと思われるP51が二〇〇〇馬力級ではなく、Bf109とおなじ一四五〇馬力というのが意外であるが、裏をかえせば、それだけ機体設計がすぐれていたことだ。

Bf109、スピットファイアともに大戦中期の主力であるDB605、マーリン63エンジンを比較に出したが、一〇年もの長い年月のあいだには、当然のごとく馬力もいちじるしく向上しており、初期型はいずれも一〇〇〇馬力ちょっとにすぎないが、最終型ではBf109K4が二〇〇〇馬力、スピットファイアMk24は二〇五〇馬力にたっしている。

日本における航空エンジンは、つねに欧米機より馬力の点で

スピットファイアMK5b

おとったため、機体設計でなんとか性能を向上する以外に方法がなかった。その極限が零戦であったわけで、一〇〇〇馬力級の戦闘機としては、たしかに世界一の性能であった。

ただし、これだけの高性能をしぼりだした裏には、当然のごとく犠牲になった要素があるわけで、それが防弾装置の不備であり、機体強度の不足であった。

このような機体は、見方をかえれば両刃の剣にもたとえられ、熟練搭乗員が操縦して攻勢にでているあいだは威力があるが、守勢にまわった場合は意外にモロい。事実、ソロモン航空戦においては、熟練搭乗員が零戦ともども多数撃墜されており、無敵零戦といえるような状況ではなかった。

日本最初の二〇〇〇馬力級エンジンである中島〝誉〟（陸軍名ハ45）は、世界でもっとも軽量小型で傑作と称されたが、出現時期がおそかった。

しかも、基礎工業力の貧弱さからくるトラブルに悩まされて、「疾風」「紫電改」ともども計画馬力をだせなかった。

戦闘機用エンジンとして、結果的には液冷式が適していたようで、Ｐ51、スピットファイア、Ｆｗ190Ｄ、Ｔａ152などの快速機はすべて液冷式である。

八、防弾装置

搭乗員や機体を敵機の攻撃から守るための防弾装置は、目にみえない地味な要素だが、実戦においてはもっとも重要なポイントになる。

零戦のように防弾皆無というような機体は他に例がなく、一〇傑のうちの他の九機は、いずれも相応の防弾装置をほどこしている。

とくに米軍機は、国民性からしてもこの面には力をそそいでおり、操縦席周囲の防弾鋼板、燃料タンクなどの自動防漏化は徹底しておこなわれており、文句なしに軍配があげられる。

一撃でライターのように火を発する零戦と、はげしい銃撃をあびてもなかなか火を吹かないF6Fでは、搭乗員の士気にたいしても、大きな差がでる。

しかし、「疾風」「紫電改」にいたって、日本軍もようやく防弾装備の重要さをさとり、ほぼ米軍機に匹敵するものをそなえていたが、これまた、時すでにおそしの感があった。

おなじ枢軸側でも、ドイツの場合はあるていど防弾にも力をそそいでおり、Bf109、Fw190、Me262ともに一応の装備がほ

P51Dマスタング

どこしてあった。

最強の名はP51に

以上、戦闘機の主要性能を比較してきたが、動力にジェットを使用したMe262を別とすれば、総合性能でもっともすぐれている機体はP51ということになる。

むろん、P47にしても、Bf109K、Ta152にしても、二項目ぐらいはP51を上まわる要素がある。しかし、総合的な見地からみれば、P51に匹敵しうるものではない。

Me262は速度性能、火力の面では、たしかに他のレシプロ戦闘機とは隔絶した高性能であり、実戦では無敵と思われがちだが、実際にはP51、P47、スピットファイア（グリフォン・タイプ）などにかなり撃墜されている。

これは空中戦での損害もあるが、やはり離着陸時を重点的にねらわれた結果である。

どんなに空中性能にすぐれた機体でも、離着陸時は最低速度におとすから、ここをねらわれればひとたまりもない。

自軍の基地上空の制空権さえ確保できない状態では、いかに高性能機をもってしても、どうにもならないであろう。このあたりが、高性能機イコール勝利とならないゆえんである。

たとえ性能的におとっていても、敵を上まわる技量、機数、戦術でたたかえば、かならず勝機はある。連合軍のレシプロ戦闘機対Me262の戦いが、それを実証している。

世界の傑作高速爆撃機

村上洋二

第1章

2

■身を守る高速力の鎧

英機モスキトーに見る時速六八〇キロの機能美

九九式双発軽爆撃機（日本・陸軍）

昭和十二年十二月に試作がはじめられた川崎キ48は、ソ連のSB2双発軽爆撃機の出現に刺激されて計画されたものである。使用目的は満州内の基地から出撃して、国境付近の軍事目標を反復攻撃することにあった。

そのため、爆弾搭載量は最大でも四〇〇キロと比較的にすくなく、そのかわり速度と緩降下爆撃ができるよう、機動性が要求された。

九九式双軽一型は、昭和十五年から量産機が実戦につきはじめたが、中島製ハ25エンジンを装備して、全幅一七・四七メー

九九式双発軽爆撃機

トル、全長一二・八メートル、最大速度四八〇キロ／時、巡航速度三五〇キロ／時と、当時としてはかなりの高速機だった。

機体の特徴は、機首の銃座兼爆撃手席のほか、胴体下面に開閉式の銃座をもうけたため、胴体の中央後方がくびれた独特の形状をもっている点である。

九九双軽は、さらに急降下爆撃能力を求められて、発動機を換装して性能向上をめざした二型の途中から、ナセル外側に一・七メートル、幅約三〇センチのスノコ状のエアブレーキをつけた。

九九双軽は十五年秋から中国戦線に出動して、地上戦への協力や奥地爆撃につかわれたが、戦闘機の護衛なしでも被害は比較的すくなかった。しかし、爆撃搭載量が少ないため、戦略的な効果はあげられなかった。

太平洋戦争ではマレー、ビルマ方面などで活躍したが、大戦中期ごろからは旧式化がめだち、夜間作戦に転用されて、最後には特攻機としてつかわれた。

百式重爆撃機「呑龍」（日本・陸軍）

昭和十六年に採用された百式重爆（キ49）は九七重爆が鈍速

「呑龍」

で後方武装がなく、中国でかなりの被害をうけたため、重爆の高速化と重武装化という方針から生まれた爆撃機である。

中島としてははじめての大型軍用機だが、設計にあたったのはキ43「隼」やキ44「鍾馗」を手がけた小山技師のチームで、主翼が戦闘機のように太くてみじかく、アスペクト比六・〇五と爆撃機としては異色ともいえる平面形をもっていた。

最初の量産機一型は最大速度四九〇キロ／時で、これは九七戦より約三〇キロ速く、「隼」より約三〇キロおそいだけだった。しかし、この機体についても、陸軍は対ソ戦を重視しており、航続距離こそ三四〇〇キロにおよんだが、爆弾搭載量は最大でも一〇〇〇キロにしかすぎなかった。「呑龍」は、ほとんどが対ソ戦にそなえて満州方面に配備されていたが、それでも昭和十八年の初陣に、第六十一戦隊の「呑龍」がニューギニアの基地からオーストラリアのポートダーウィンを攻撃、高速と重武装の威力を十分にしめした。

武装は、二〇ミリ一門を後上方、七・七ミリを機首、胴体側面、後下方、尾部に装備していた。

「呑龍」には性能向上型の二型と三型があるが、いずれも発動機の馬力向上によるもので、ハ117、二四二〇馬力をつんだ三型は、五四〇キロ／時の高速を記録した。武装も機首、後上方、後下方が一二・七ミリ、尾部銃座も二〇ミリに強化されたが、「飛龍」の出現によって量産にはいたらなかった。

四式重爆撃機「飛龍」（日本・陸軍）

わが重爆史上最大の傑作機とよばれる「飛龍」は、「呑龍」の試作一号機が完成した昭和十四年に、すでに研究がはじめられた。その開発は、重爆のいっそうの高速化と急降下爆撃も可能にさせようという意図からだった。

五、六〇〇〇メートルの高度から急降下し、約六〇〇キロ／時の速度で目標にせまり、低空で投弾したあと、超低空飛行で地上火器による損害や、戦闘機の追尾をふりきろうというのである。「飛龍」の抜群の操縦性は、こうした目的の結果で、垂直旋回ぐらいは朝メシ前だった。

最高速度は五三七キロ／時、巡航速度も四〇〇キロ／時と、「呑龍」を大幅に上まわり、航続力や武装も強化され、後上方銃塔に二〇ミリ一門、機首、後側方、尾部ともに一二・七ミリを搭載した。

しかし、この「飛龍」も対ソ戦的な考えからぬけきれず、高

「飛龍」

速・軽爆撃装備で、世界的な水準からみれば、「戦術的中型爆撃機」でしかなく、Ｂ29はおろかＢ17やＢ24などともかなり趣を異にしている。

「飛龍」はまず、雷撃機として第七戦隊が編成されて使用された。陸軍も「飛龍」の出現当時には、艦船攻撃の必要を痛感していたのである。

そのほかにも、陸軍雷撃隊が編成され、十九年十月の台湾沖航空戦と二十年はじめの九州沖海戦に活躍したが、ほとんど全機をうしなっている。

爆撃機としての「飛龍」は、本土決戦用に温存されたため、あまりはなやかな戦果はあげていないが、二十年はじめに、浜松から硫黄島を中継して、マリアナのＢ29基地を強襲した作戦や、九州から沖縄の米基地を数次にわたって強襲した作戦が有名である。

また、「飛龍」は、海軍でも「靖国」の名で使用された。

キ74試作遠距離偵察爆撃機（日本・陸軍）
日本陸軍で長距離戦略爆撃機として計画されたものは、九二式超重爆（キ20）と本機だけといわれる。

キ74

キ20が台湾からのフィリピン爆撃用だったのにたいして、キ74は、はじめは遠距離司令部偵察機として計画され、太平洋戦争の勃発で米本土爆撃用にあらためられた。

同機の計画は、すでに昭和十四年にはじめられているのだが、対ソ戦一本やりの陸軍は、最大速度四五〇キロ／時、行動半径五〇〇〇キロという超長距離偵察機を考えていた。巡航速度で高々度を飛べることが求められたが、これはロッキードU2のようなスパイ機につかうためだった。

乗員五名がすべて胴体の前方の気密室にあつめられ、後下方銃も胴体下面のふくらみにつけられた窓から照準して、遠隔操作された。

太平洋戦争の開始により、爆弾倉をつけて、爆弾一〇〇〇キロをつむように設計が変更されたが、一号機は十九年三月に完成、全長約一七メートルにたいし、全幅は二七メートルという長距離機らしい主翼をつけた。また、操縦席の窓や爆撃手席の窓は、ひじょうに小さかった。

最大速度は高度八五〇〇メートルで五七〇キロ／時、巡航速度は同八〇〇〇メートルで四〇〇キロ／時、航続距離は七二〇〇キロ以上がもとめられた。

「彗星」

陸軍は、本機にひじょうな期待をかけ、十九年十月には「爆撃機はキ74を最重点にする」ことにきめたほどだ。しかし排気タービン過給器、気密室などの開発に手間どったうえ、軍の設計変更要求があいついで、けっきょく、終戦までに完成したのは一四機（一六機という説もある）にすぎなかった。

キ74は、けっきょくは実戦に参加しなかったが、数十機が完成したところで、サイパンを爆撃するはずだった。また、乗員を三名に減らし、爆弾一トンをつんで米本土を爆撃、そのあと乗員はパラシュート降下し、米本土内でゲリラ戦を展開するという計画も、二十年十二月に実施することになっていた。

日本陸軍最後の傑作爆撃機としての素質は十分だっただけに、実現がおくれたのが惜しまれる。

艦上爆撃機「彗星」（日本・海軍）

昭和十九年、九九艦爆にかわって「彗星」が登場した。日本機にはめずらしい液冷発動機を装備して、爆弾も爆弾倉内につむといった、当時では世界にも例のないスマートな急降下爆撃機だった。

最大速度は、最初の量産型の一一型で五五二キロ／時と零戦よりはやく、巡航速度も四二六キロ／時という高性能をもっていた。一二型では、エンジンが〝熱田〟一二型（ダイムラー・ベンツDB601Aの国産型）から〝熱田〟三二型に換装されて、最大速度はさらに五八〇キロ／時に向上した。

こうした高速艦爆は、敵の艦上機の行動範囲外から発進して、短時間で目標にたっして先制攻撃をくわえ、高速を利して敵戦闘機の追尾をふりきろうという考えからだった。このため、航続距離も爆撃正規状態で一五七〇キロ、過荷状態では二五九〇キロにもおよんだ。

この高性能は、海軍航空技術のメッカ、空技廠の設計によるためだが、その反面、「艦上機のため、あまり多数は必要としない」という考えから、多くの新技術をつかいすぎて、十七年に生産が愛知飛行機にうつされると、量産は困難をきわめた。

また、十五年から十六年にかけて空技廠でつくられた試作機五機のうち、二機がミッドウェー海戦などで高速偵察機として試用されて失われ、別の一機も空中分解したことも、開発をおくらせる原因となった。

計画が十三年、戦場にあらわれたのが十八年末では、さきの高性能もいささか出遅れの感があった。

「銀河」

最初の作戦は、十九年二月のトラック島への米機動部隊の来襲時だが、つづいて六月のサイパン、グアムへの米軍上陸時における「あ」号作戦で、攻撃部隊の主力になった。

終戦前にはエンジンを空冷にかえ、特攻機としても活躍したことは有名だ。

陸上爆撃機「銀河」（日本・海軍）

日本の双発爆撃機のなかで一番スマートな「銀河」は、昭和十五年に、九六陸攻の中国での戦訓から考えられたものである。戦闘機の護衛なしで中国奥地の爆撃をくりかえした九六陸攻の損害が意外に多く、これは一方では零戦を生みだし、他方では「銀河」を生んだのである。

海軍のねらいは、戦闘機よりも早く、陸攻よりも航続力が大きく、しかも一トン爆弾をつんで急降下爆撃が可能という機体だった。当時、海軍では、水平爆撃や雷撃しかできないものを攻撃機、急降下爆撃の可能なものを爆撃機とよんだ。

海軍のこうした苛酷な要求にこたえうるのは、やはり空技廠だけだった。まずエンジンにはまだ試作段階だったが、直径が小さくて燃料消費率が小さく、しかも一八〇〇馬力という大馬力をだす中島の〝誉〟を採用、胴体も極度に断面を切りつめ、空力的に洗練された主翼は、フィレットのいらない中翼とした。

また、急降下時の制動用ブレーキは、「彗星」で開発した非使用時には抵抗のないものが採用された。爆弾倉扉も、ひらいたときは胴体内にくりこまれ、爆弾や魚雷は投下時に誘導桿で機外につきだされる方法をとった。

操縦士が長距離機にもかかわらず一人だけというのも、胴体を細くして速度をあげるためだった。乗員は三名。

試作機の完成は十八年で、南方戦線で一式陸攻の損害がはげしかっただけに、三〇〇ノット（五五五キロ／時）以上の「銀河」は次期主力とだれしもが考えた。

しかし、中島での量産には空技廠の精緻な技術がまたもアダになり、量産型の一一型の最大速度は二九五ノットと三〇〇ノットを割り、さらに〝誉〟の不調になやまされた。

部隊配属は十九年のマリアナ沖海戦のころからだが、稼動率が悪く、戦果はあがらなかった。二十年三月には鹿屋からウルシー環礁まで二五六〇キロを飛んで、梓攻撃隊の一五機が体あたり攻撃を行なった。

この第一次丹作戦では、九機がエンジン故障で不時着、五月

「流星」

の第二次丹作戦では、悪天候で作戦が中止された。

けっきょく、参加予定二四機のうち出撃したのは一八機、帰還したもの一二機、行方不明六機。〝誉〟エンジンの不調になやまされた「銀河」の痛ましい運命をよくしめす数字である。

なお、武装は機首に二〇ミリまたは一三ミリ、後上方に一三ミリ一梃または一三ミリ連装動力銃を装備した。

艦上攻撃機「流星」（日本・海軍）

日本機としてはめずらしい逆ガル型の主翼をもつ「流星」は、一機種で急降下爆撃も雷撃も水平爆撃も可能という機体である。そのうえ、運動性は零戦におとらないという、きびしい要求にもこたえようとしたものだった。

戦時で機種を統合する必要があったためだが、一方では、急降下爆撃機にも五〇〇キロ以上の爆弾が必要となり、また雷撃機も低空で高速な運動がもとめられ、両機種への性能の要求が似てきたためでもあった。

逆ガル型の主翼は、「彗星」とおなじように爆弾や魚雷を機体内につむため中翼を採用、しかも五トンをこえるヘビー級の艦上機で、主脚をみじかく頑丈にする必要があったためで、内翼に下反角をあたえることで、フィレットを不必要にするねらいもあった。

「流星」が一種の野暮ったさをもっているのは、パイロットの視界をよくするため座席を高くしたのと、できるだけ堅牢で「量産向き」が要求されたためだ。

試作機は十七年十二月に完成したが、総重量は六トンをこえたので、再計画をして「流星改」の名称で制式採用されたのは、二十年の三月だった。

性能は最大速度五四三キロ／時、航続距離三〇〇〇キロ（爆撃過荷）といちおう目的を達したが、問題は完成までに多大な時間を空費したことである。

しかも〝誉〟の不調、熟練工の不足、さらに地震や空襲で、生産・配備がおくれにおくれたことだ。

そのため、終戦までに配備された機数はごくわずかで、ほとんど活躍することなくおわってしまった。

武装は固定二〇ミリ二梃、後上方七・七ミリまたは一三ミリ、乗員は二名。

マーチンB26マローダー（アメリカ）

B26マローダー

一九四〇年十一月に初飛行したB26は、円形断面の魚雷のような胴体で、そのモダンな姿は世界をおどろかせた。

エンジンは一八五〇馬力という大馬力で、全長一七・七五メートルの機体にたいして一九・八メートルの全幅、しかもテーパーの強い主翼で、翼面荷重は米陸軍機としては最大だった。

つまり、ちいさな主翼とスマートな機体を、大馬力のエンジンで強引にひっぱる機体であった。

ほかに、前輪式の着陸装置や米軍最初の動力銃塔も採用した。この背部の動力銃塔に一二・七ミリ二梃、機首と胴体下面に七・七ミリ、尾部に一二・七ミリ各一梃を装備した。爆弾は正規で一三六〇キロ、最大では二一〇〇キロも積めた。

まさに、高速・重武装爆撃機だ。最大速度は五〇七キロ／時と、当時ではもっともはやい爆撃機のひとつとなった。

当然、着陸速度は速く、実用化にはそうとうの訓練が必要だった。四一年にあらわれたB26Aは、重量がさらに五〇〇キロほど増え、さらに着陸性能が悪くなって、しばしば事故をおこして「マローダーではなくマーダラー（人殺し）機だ」と悪評を高めた。

のちのB型やC型では、翼面積の拡大にふみきって事故は減

A26インベーダー

ったが、最大速度はノースアメリカンB25にちかい四五五キロ／時まで低下した。乗員は六名。
太平洋方面ではA型、アフリカ、イタリアなどでB、Cがつかわれたが、地上作戦掩護で評判がよかった。なお、ミッドウエー海戦では、雷装のB26が日本空母の攻撃に参加している。

ダグラスA26インベーダー（アメリカ）
最大速度五三六キロ／時という高性能と、一二・七ミリ六梃（機首に固定）という重武装で戦術攻撃に活躍したA20ハボックを大型化し、高性能化したのがA26である。
初期生産型のA26Bは、四三年夏から就役したが、機首に風防があるのと、一二・七ミリ六梃を機首に固定したものがあった。爆弾も一八〇〇キロまで搭載できた。さらに、エンジンを強化した性能向上型は、最大速度六〇〇キロ／時となり、機首機銃は八梃、翼下にロケット弾六発を装備できた。
A26は機首銃のほかに、胴体後上方と後下方に一二・七ミリ二連装の砲塔をもっていたが、なかには下部砲塔をはずして燃料タンクをふやし、航続距離を増した型もあった。C型は機首を風防にし、一部にはレーダーを装備したものもあったが、性

Do17E-1

能はほとんどおなじだった。

　四四年以降のヨーロッパ戦線で一万一〇〇〇回以上も出撃し、双発爆撃機としてもっとも活躍したのが本機である。戦後は攻撃機から戦術爆撃機のカテゴリーにうつされ、空車のB26となって朝鮮戦争、ベトナムでも活躍している。乗員は三名。

ドルニエDo17（ドイツ）

「空飛ぶ鉛筆」の愛称がついたほそい胴体のDo17は、もともとは民間の高速郵便輸送機として開発されたものだが、あまりにもほそい胴体が民間機には不向きとされた。しかし、ドイツ空軍はこの機体を、三四年秋に中型爆撃機に発展させた。

　三七年七月には、チューリッヒの国際軍用機競技会で優勝したが、最大速度は一トンの荷重をつんで五〇〇キロ／時、航続距離は二五〇〇キロという高性能を記録した。ほそい胴体のほか、肩翼の太くみじかい主翼に特徴があり、乗員四名は機首にあつめられていた。

　代表的なDo17Zの武装は、七・九二ミリ六梃で、機首、操縦席前部、左右後部、下方に各一梃と、乗員数より多かった。

　四〇年には生産が打ちきられたが、それまでに偵察型や試作

Ｄｏ217Ｋ－2

夜戦型その他がつくられている。生産数は五〇六機と意外にすくないが、これは記録用機とちがって、量産機は航続距離が約一〇〇〇キロとみじかく、急降下爆撃ができなかったことが原因のようだ。

ドルニエＤｏ217（ドイツ）

Ｄｏ17の性能向上をねらって出現したのがＤｏ217で、原型一号機は三九年九月に初飛行している。主翼や胴体の形状はＤｏ17に似ているが、胴体はかなり太くなっている。

最初の標準型はＥ型で、四一年から就役、水平爆撃や遠距離偵察につかわれ、とくに艦船攻撃に活躍した。

最大速度は五一五キロ／時と、やはりＤｏ17の血をひいて高速だったが、急降下爆撃機として使用するため、内翼部にスノコ状のエアブレーキと、尾部にカラカサ型にひらく四枚のエアブレーキをつけたところ、ひじょうに危険な影響がおこり、けっきょく急降下爆撃は禁止されてしまった。

Ｍシリーズは最大速度五六〇キロ／時、巡航速度五二五キロ／時という高性能を出したが、主力爆撃機の地位は、双発急降下爆撃機ユンカースＪｕ88に占められてしまった。無線誘導

Ｍｅ262ａ－１

弾搭載機や特殊装備の高々度機など、いろいろな型がつくられているが、大戦末期には夜間戦闘機に転用されたものが多かった。

メッサーシュミットＭｅ262（ドイツ）

世界初の実用ジェット戦闘機として、あまりにも有名な機体である。また、ヒトラーがまず爆撃機とすることを強要して、戦闘機型の開発を遅らせたこともよく知られている。

Ｍｅ262のジェットによる初飛行は四二年七月である。しかし、ヒトラーの命令にもかかわらず、戦闘機型の開発がつづけられ、四四年夏にふたたび禁止を命じなければならなかった。しかも既成の戦闘機型まで爆撃機型に改造させたので、たいへんな混乱が生じている。

この結果、生まれたのがＡ２ａ爆撃機で、五〇〇キロ爆弾二発または一〇〇〇キロ爆弾一発を胴体下につんだ。武装は三〇ミリ四梃で、戦闘機型とおなじ。

初出撃は四四年五月の連合軍のノルマンディー上陸作戦時だが、数がすくなく、たいした効果はあがらなかった。最大速度八六六キロ／時という機体も、よけいな爆弾をつんでは速度を低下せざるを得ず、また連日の本土空襲によって、戦闘機にもどったのは、当然といえそうだ。

Ｍｅ262の総生産数は一四三三機で、第一線にとどいたのはずっとすくなかった。もうすこしはやく数がそろったら、高速爆撃機として、連合軍の進撃をおくらせることができたかも知れない。

量産型のエンジンはユモ004Ｂ、推力八九〇キロ二基。

アラドＡｒ234ブリッツ（ドイツ）

世界最初の実用ジェット爆撃機は、むしろこのＡｒ234である。ジェット・エンジンが完成するより前の四一年に設計がはじめられ、原型一号機は四三年六月から飛行を開始した。

機首の透明風防がそのままパイロット席で、比較的に太い胴体に肩翼式、後退角のない主翼はＭｅ262と対照的である。一号機は台車で離陸、着陸は引込式のソリというかわった方式をとっていたが、量産機では三車輪式にあらためられている。

初期のＢ０およびＢ１は偵察機として作られたが、四四年に爆弾搭載量一五〇〇キロのＢ２爆撃機（エンジンはユモ004Ｂ）があらわれ、終戦までに二一〇機が生産されて西部戦線で活躍

Ar234B-2ブリッツ

したが、やはり〝量〟が不足だった。

最大速度は七五〇キロ／時。のちに四発化されたC1（エンジンはBMW003、推力九〇〇キロ）では、八七〇キロ／時を記録し、まさに第二次大戦中の最高速爆撃機であった。

一〇〇〇キロ爆弾を胴体に半埋めこみ式に搭載したほか、エンジンナセルの下に五〇〇キロ各一発をつるした。また、胴体後方下部の後ろ向き二〇ミリ二門を、パイロットがペリスコープで照準発射するなどのかわった試みが興味ぶかい。乗員は一名。

ブリストル・ブレニム（イギリス）

ブレニムの一号機の初飛行は三六年六月。この機体も双発高速輸送機として製作されたものの軍用機化で、それまでのイギリス機とちがって、全金属製の沈頭鋲をつかった近代的な機体だった。

三五年に乗員二名、乗客五名というほそい胴体で、五六〇馬力のエンジン二基をつけたブリストル142は、最大速度四九四キロ／時をだした。これは当時の制式戦闘機ホーカー・フュリーより一六〇キロもはやかった。

ブレニム

当時は世界中が〝戦闘機より速い爆撃機〟に血道をあげていたので、イギリス空軍も試作機なしで一五〇機の爆撃機型を発注した。

ブレニム1型の最大速度は四一八キロ／時、武装は前方固定七・七ミリ一梃、後上方に旋回砲塔をつけ七・七ミリ一梃を装備した。爆弾四五〇キロていどで、とにかく速度を重視した機体だった。

1型は機首に正・副パイロットがならんで座るみじかい機首だったが、三九年から延長した機首に爆撃手席をおいた4型がつくられた。

大戦初期にドイツ本土の偵察や昼間低空爆撃に活躍したが、四二年夏にはモスキトーなどと交替、極東方面では四三年末までつかわれた。

隼戦闘隊の加藤建夫少将がインド洋上で戦死したのは、このブレニム相手の戦いだった。

デ・ハビランド・モスキトー（イギリス）

全木製、防御兵装ゼロと、高速だけをねらって大成功をおさめたモスキトーは、スピットファイア、ランカスターとならん

モスキトー

で、第二次大戦イギリス機の三大傑作にかぞえられており、世界中でもっとも成功した高速爆撃機でもあった。

原型一号機は四〇年十一月に初飛行して、六四〇キロ／時という高速をだし、戦闘機なみの操縦性をしめした。四一年から量産された標準型は4型で、爆弾搭載量は二二五キロ四発。編隊急降下爆撃と超低空水平爆撃を得意とし、四二年から白昼爆撃に活躍、四三年一月には、ベルリンにまであらわれた。

モスキトーの最終量産型はB35型で、戦争には間に合わなかったが、最大速度は六七九キロ、爆弾九〇〇キロをつんで三三〇〇キロの航続距離をもつ高性能機だった。

モスキトーには低空精密爆撃、一八〇〇キロ大型爆弾搭載、損害率二〇〇〇回出撃にたいして一機という「軽夜間攻撃隊」の記録など、エピソードも多い。マーリンというすぐれたエンジンにめぐまれたことも、モスキトーの名を高からしめたといえよう。

ツポレフSB2（ソビエト）

SBは高速爆撃機をしめす記号で、設計は一九三三年、量産は原型機も完成しないうちにはじめられ、三四年十月に初飛行

SB2

した。

空冷二基（七三〇馬力）の一号機にたいし、二号機は液冷のM100（七五〇馬力）を装備した。冷却器はシャッターつきの前面冷却器を採用、一見すると、空冷エンジン装備のようにみえる後者が量産された。最大速度は高度五〇〇〇メートルで四〇〇キロ／時。

三六年から部隊配属がはじまり、スペインに二一〇機がおくられて実戦評価がおこなわれた。また、三九年のノモンハン事件では、日本の高射砲がとどかぬ五〇〇〇メートル以上を飛んで、編隊爆撃をおこなった。

三七年に一〇〇〇キロの荷重で一万二〇〇〇メートルという上昇世界記録をつくったほど、高空性能がすぐれていた。武装は機首二、後上方、後下方各一の七・六二ミリ銃を装備、爆弾は六〇〇キロまで積めた。

SB2bisは改良型で、エンジンが強化され、プロペラが三翅になった。冷却器もナセル下面にうつされ、最大速度は四五〇キロ／時に向上した。

生産は四一年までだが、独ソ戦の全期間で活躍した。乗員は三〜四名。

ツポレフTu2（ソビエト）

ツポレフが一九三八年から設計開発した、あたらしい高速中型双発爆撃機で、四二年から生産機が出はじめた。爆弾搭載量が多く、行動半径が大きくて、防御武装の強力なことが高く評価された。

大きなエンジンナセルとほそい胴体に特徴があり、一八五〇馬力二基のわりに全長は約一四メートルとみじかい。最大速度は五四七キロ／時で、爆弾搭載量は三〇〇〇キロと、SB2より格段に向上していた。

武装も翼のつけ根に固定二〇～二三ミリ二門、前方、後上方、後下方に一二・七ミリ各一梃と強化されている。

生産は戦後までつづき、ジェットを装備したTu77までつくられ、ソ連初のジェット爆撃機Tu12の原型になった。

ヤコブレフYak4（ソビエト）

全長一〇メートル、全幅一四メートル、乗員二名の小型高速偵察爆撃機。ドイツのMe110に似たスマートな機体で、最大速度は五六六キロ／時をだしたが、四一年の就役後、重大な欠陥

SM79

が発見されて生産は中止になった。

就役中の機体は、高速と上昇限度（一万一九〇〇メートル）の優秀性を買われて、偵察機としてつかわれた。航続距離は八〇〇キロ。

サボイア・マルケッティSM79（イタリア）

第二次大戦でもっとも広くつかわれた三発爆撃機。はじめはロンドン―オーストラリア・エア・レースを目あてに、一九三四年につくられた民間用の機体で、レースには間にあわなかったが、高速で頑丈な爆撃機の母体になった。

エンジンは六一〇馬力から一三〇〇馬力までいろいろつかわれた。最大速度は1型で四三〇キロ／時、爆弾一二〇〇キロを搭載した。

四〇年の開戦時には、全イタリア爆撃機九七五機の六〇パーセントを占めていた。SM79-2は、胴体下に魚雷二本を装備した雷撃機で地中海でイギリス艦隊や輸送船団に、たびたび損害をあたえている。

基本武装は一二・七ミリ三梃、七・七ミリ一梃である。

ブレダ88リンチェ（イタリア）

乗員二名、全長一〇メートル、全幅一五メートルの小型双発爆撃機だが、これも一九三六年に完成したときは速度記録が目的で、翌年十二月、原型一号が一〇〇キロ・コースで五二二キロの世界記録を樹てた。

肩翼式で、正面からみるとDo17より胴体がほそい感じだが、側面形はひじょうに深く、魚のような形をしている。エンジンは、量産機では一〇〇〇馬力二基と強力だった。

武装は、機首に固定の一二・七ミリ三梃、後席に七・七ミリ一梃。爆弾搭載量は五〇〇キロ。

しかし、軍用機化で最大速度は四八〇キロ／時台におち、稼動率も悪く、生産は一〇五機にとどまった。

カントZ1018レオーネ（イタリア）

最大速度五二〇キロ／時、爆弾搭載量一五〇〇キロと、イタリタ空軍における最良の爆撃機で、形も洗練された中型双発爆撃機だった。一九四一年に三〇〇機が発注されたものの、就役は四三年からで、イタリアがまもなく降伏したため、ほとんど活躍の機会はなかった。

基本武装は一二・七ミリ三梃、七・七ミリ二梃。後下方銃のために、九九双軽のような胴体のくびれがついている。乗員は五名。

アミオ35（フランス）

美しい機体と高性能が期待されたアミオ350シリーズの原型は、三六年に出現した単座の長距離郵便機で、空軍の求めにより、最終的に四座の爆撃機に改造されたものである。

全金属製で、最大速度は四八〇キロ／時をだしたが、生産がはかどらず、三九年の大戦開始時に二八五機が発注されながら、休戦までに一三二機がつくられたにすぎない。しかも、大部分は地上でドイツ機に破壊されてしまった。

アミオ350-01

リオレ・エ・オリビエLeO451（フランス）

第二次大戦におけるフランスの最優秀機のひとつであるばかりでなく、旧式化したフランス空軍のなかでは、いちおう世界水準にたっした中型の高速爆撃機だった。

一号機は一九三七年に初飛行し、一一二〇馬力二基で四七〇キロ／時以上の最大速度をだして、世界での最高速の爆撃機の

LeO451

仲間入りをした。しかし、発注は少数で、三八年六月にようやく一〇〇機の量産が命令され、三九年から就役するという状態だった。

主翼は二段の上反角をもち、フランス爆撃機に多い双尾翼式を採用した。武装も胴体上面に二〇ミリ、ほかに機首に二梃、胴体下面の引込式銃座に一梃と計三梃の七・七ミリ銃を装備する。

爆弾搭載量は二〇〇〇キロで、乗員四名の中型爆撃機としては重武装だった。

四〇年五月にドイツがフランスに侵攻したときには、発注数は五〇〇機近かったが、完成機は一三二機にすぎない。

四月十四日に旧式の他の双発爆撃機とセダンを占領したドイツ軍を爆撃中、爆撃精度をあげようと八〇〇メートル以下の高度で攻撃したため、総計で四〇機が撃墜され、三五機が大破するという損害をうけた。

LeO451の休戦までの生産数は三六〇機にたっしたが、ドイツ空軍の量と、Me109の前にはあまり活躍できなかった。

ラテコエール570（フランス）

アミオ351やLeO451に対抗して三九年につくられた、ひとまわり大きい双発四座の高速爆撃機だが、航続距離、爆弾搭載量など、すべての面でLeO451におとり、けっきょく量産されなかった。

胴体は金属製のセミモノコック、武装は胴体上下面に二〇ミリ各一梃を装備、最大速度は四七〇キロ／時をだした。極端に先細の主翼と、双尾翼形式を採用している。

PZL・P23カラス／P37ロス（ポーランド）

P23は単発高速六人乗り軽輸送機から発達した三座の偵察爆撃機で、ポーランドの代表的な爆撃機のひとつ。九七司偵に似た形の機体に、爆撃照準席と後下方銃座のゴンドラをつりさげた特異な形をしていた。

最大速度三九〇キロ／時というのは、一九三五年発注の固定脚機としては当然かも知れない。

おなじPZLが三六年に初飛行させたP37ロスは、双発、引込脚で、ポーランド機のなかでは最高性能を発揮した。

最大速度四四〇キロ／時、爆弾搭載量二二〇〇キロ。しかし、ドイツの侵攻時には三六機のB型が第一線に配属されているだ

サーブ18B

けだった。

胴体はうすく深い形で、A型は単垂直尾翼、B型は双垂直尾翼式だった。

PZLは、さらにこのロスを発展させて、最大速度五二〇キロ／時のミスを開発中だったが、完成直前にワルシャワが陥落し、機体、資料とともに焼却された。

サーブ18（スウェーデン）

第二次大戦中、中立をまもったスウェーデンは、ヒトラーの台頭で空軍の増強に力をいれた。もともと高い工業水準をもっていた国で、一九四二年に原型が初飛行した双発のサーブ18は、馬力不足ながら四六五キロ／時の最大速度をだした。

この18Aのエンジンを、ライセンス生産のダイムラー・ベンツDB605B（一四七五馬力）にかえたのが18Bで、最大速度五七〇キロ／時という高速爆撃機を四四年に完成させている。

サーブ18は、三名の乗員を機首部にあつめ、双尾翼型式で、洗練されたエンジンナセルのスッキリまとまった機体である。

武装は一三・二ミリ二梃、七・九二ミリ一梃、爆弾搭載量は一五〇〇キロで、文句なしに中型高性能爆撃機といえよう。

偵察型、重武装型（五七ミリ一門、二〇ミリ二梃）とともに、五〇年代後半のジェット機出現まで使用された。

世界の傑作艦上雷爆撃機

木村源三郎

第1章

3

■洋上を圧する打撃力

戦艦や巡洋艦を沈める新しい〝海戦〟の主役たち

九七式艦上攻撃機（日本）

昭和十年前後は、飛行機の単葉化、引込脚、フラップ、可変ピッチ・プロペラの実用化が具体的に実施されたときである。艦上攻撃機で、この四条件を完備した世界最初のものは、九七式（十試艦攻）と米海軍のダグラスTBD・1である。

どちらも昭和十一年末に試作機が完成したが、九七式はただちに華南、華中作戦に参加し、戦訓による改造が行なわれた。その三号は、実力において、明らかにTBDをしのぐものと見られた。

なお、この九七式艦攻には、前後三つの型があり、一号は中島製で〝光〟発動機つき。二号は三菱製で〝金星〟発動機つきで固定脚。三号は中島製で、一号を大改造した〝栄〟発動機つきであった。

このうち一号は、日華事変後半から活躍し、三号は真珠湾の奇襲に参加して以来、艦攻の主力として注目された。米軍の戦闘機にマークされたのは、この九七式三号艦攻である。なお二号は少数機しか生産されず、あまり知られなかった。

太平洋海空戦において、もっともよく墜とされた日本の飛行機、それは九七式艦攻であった。

もちろん米英の海軍機でも、犠牲のいちばん大きかったのは、艦上雷撃機であったが、日本のトーピード・ボマーはとくに速度がおそく、運動性がにぶく、被弾するとすぐに発火するのが弱味であった。

防弾鈑の設備がなく、構造も脆弱《ぜいじゃく》で、米軍戦闘機にとっては絶好の獲物であった。ただ一つの特長は、機体が軽くて航続距離が長いことである。

要するに九七式艦攻は、米軍から見れば零戦をそのまま大きくして雷撃機にしたようなもので、事実、発動機は零戦とおなじ〝栄〟であった。

九七式艦上攻撃機3号

ただその割には運動性がにぶくて、急激な動作をすることができなかったし、いったん空戦になると、後席の七・七ミリ旋回銃一梃では、どうにもふせぎ切れないというのが実状であった。

九七式艦攻のもっとも華ばなしい戦果は、もちろん真珠湾攻撃のときであったが、もっとも悲惨な敗戦はミッドウェー海戦のときであった。出撃した大部分の九七式艦攻が米戦闘機に捕捉され、撃墜された。

そのころから空母を失った九七式艦攻は、主として陸上基地から出撃するようになった。

米海軍は開戦まもなく、TBDデバステーターにかえて、防御力の大きなTBFアベンジャーを第一線に配置した。しかし、日本海軍は新鋭高速の「天山」が〝護〟発動機の不調で、なかなか戦力化できなかった。これが、九七式艦攻の犠牲を大きくした原因の一つであった。

なお米軍側の評によると、この九七式艦攻は高射銃砲による撃墜が割合に容易であったということである。それは航続力を大きくするため、速度を犠牲にしたのが最大の要因であった。

しかし、真珠湾攻撃のとき、八〇〇キロの魚雷または八〇〇キロの大型軍艦攻撃用の破甲爆弾をもって大戦果をあげたことは、奇襲とはいえすばらしいものであった。

艦上攻撃機「天山」（日本）

総数一二〇〇機以上、九七艦攻と同じくらいの生産高をしめした「天山」の性能は、たしかに誇りうるものがあった。とくに発動機を〝護〟から〝火星〟にかえた「天山」は稼動率もよく、きわめて有望であった。

しかし、残念ながら本機が戦力化されたころには、日本海軍はすでに空母艦隊がなく、艦攻「天山」は陸攻「天山」としてブーゲンビル島沖海戦いらい参加し、硫黄島作戦から沖縄、九州沖の決戦まで、悪条件のもとで大活躍をした。

しかし、それほどの記録的な大戦果を残していない。

米軍は本機に「ＪＩＬＬ」というコードネームをつけたが、明らかに「ＫＡＴＥ」の後継機として成功した高性能トーピード・ボマーであるとほめているが――。

本機は戦後、米軍の手でテスト飛行が実施されたが、速度、上昇力、航続力はグラマン〝アベンジャー〟を上まわるものとして大いに注目された。

「天山」

しかし防弾、防火装置の不備、整備作業の不便など、実用機として改善すべき多くの点が指摘されている。

傑作〝アベンジャー〟の余裕ある設計と構造にくらべると、どことなく無理をした点が多く、けっきょく悲運な艦攻として、一般には実力以上に評されている。

しかし、「天山」は第二次大戦に参加した世界の三座艦攻、艦雷のなかで、最速の機体であったことだけは事実である。

艦上攻撃機「流星」（日本）

「流星」は、艦爆兼艦攻である。一般には艦攻でとおっているが、もともと星の名前は艦爆につけられるのが通例であるから、艦爆として扱う方が正しいかもしれない。

「流星」十六試艦攻は、昭和十六年、海軍の艦攻と艦爆の機種統合案により、愛知に対して試作が指令された新機種の一機で、雷撃、水平爆撃、急降下爆撃の三任務が行なえるものであった。

愛知は九九艦爆いらい、ひさしぶりの自社設計艦爆で、設計技術陣の張り切り方はものすごく、尾崎紀男、森盛重、小沢泰代技師の気鋭コンビで、昭和十七年十二月にその第一号機を完成した。

「流星」にあたえられた条件は、零戦に匹敵する快速と軽快な運動性、攻撃火器、そして堅牢で大量生産に適することなどであった。

八〇〇キロの魚雷、または五〇〇キロ程度の爆弾をつむ艦攻爆としては、世界にその比を見ない苛酷な要求性能であったが、愛知設計陣の熱意はついにそれを克服し、「流星改」において、実質的に世界第一級をはるかに上まわる艦攻爆を完成した。

本機の外形上の特長は、その主翼の内側に浅い下反角をあたえ、外側には上反角をあたえた、いわゆる逆ガルタイプの翼を採用したことである。

しかし、内面的な機構にも、幾多の新しい方式が試みられ、とくに尾翼連動式のフラップ、フラップ兼用の補助翼、開閉式の爆弾倉庫、主翼の折りたたみ構造、座席の配置などにも、きわめて新しい設計が行なわれた。

「流星」は、右のような傑出した新技術の結晶として注目され、艦戦「烈風」、艦偵「彩雲」、陸偵「景雲」、陸爆「銀河」などとともに、海軍航空の最新鋭機として大いに期待された。

ただ、この傑作「流星」にも、一つの重大な欠陥があった。

それは終戦間近のあらゆる〝誉〟装備の新型機に見られた発

「流星」

動機の不調と、これにくわえて空襲と震災のために、その生産がいちじるしく遅延したことである。

とくにこの頃の試作機の多くに、軍の方針により、カタログ・データはよいが、実力にむらがあった〝誉〟の発動機を、おそらく設計者の意志に反して装備しなければならなかったところに、意外な隘路《あいろ》があった。

この一事は、終戦までの日本航空技術史上の一大汚点であり、技術面を理解しない行政上の権力者の横車が、実際面において、いかに重大な結果をもたらすかを示唆する適例である。

終戦までに完成した一〇〇機あまりの流星は、その一部が敵機動部隊の攻撃に参加したほか、重大な作戦に従事した実績はなく、めざましい活動はついに見られなかった。

由来、日本の艦攻は三座ということにきまっていたが、はじめ艦爆として設計に着手され、のちに艦攻兼用となった愛知の「流星」は、はじめての複座で、戦闘機なみの快速と運動性が何よりの特徴であった。

本機に対しては、戦後、米軍も率直にその高性能を認め、日本航空技術の最終的結晶の一つであるとしている。

しかし、実際には〝誉〟発動機の性能低下と、整備の困難などを考えると、まだまだ特に動力関係に改善すべき点の多い飛行機であった。

本機に対する批判は、日本においてもまちまちであったが、標準の状態にあっては、速度、上昇力、運動性とも、当時の艦攻としては世界最高級のものであった。しかも空母艦載機として絶対必要条件であった離着艦性能は、その高速にもかかわらず、きわめてすぐれていたといわれる。

米海軍の傑作レシプロエンジン艦攻、ADスカイレイダーにくらべても、その基本設計において決して劣るものではない。

しかし、少数の本機が活躍しはじめた二十年のはじめ頃には、日本にはすでに空母がなく、陸上から近海の米艦隊に対して、散発的な反撃をくわえたにすぎない。

いかに名機といえども、戦局があのようになっては、実力を十分に発揮できないのはやむをえない。惜しまれる傑作機の一つである。

TBDデバステーター（アメリカ）

アメリカ海軍が、はじめて単葉引込脚の艦上雷撃機を制式採用したのは、一九四一年三月のダグラスTBD1デバステータ

TBDデバステーター

ーで、日本の九七式艦攻にくらべると、かなりおくれている。

原型は一九三六年に試作されたが、戦力化されるまでに、約五年間の実験改造期間をへている。

それまでの複葉型の艦上雷撃機にくらべて、TBDには次のような特徴があった。
一、直径のちいさな複列式星型のツイン・ワスプ・ジュニア発動機を装備し、前方視界をよくした。
二、引込脚は、故障のすくない後方半引込式で、車輪の下半分は露出しているが、これは胴体着陸の場合、機体の破損を最小限にとどめることができる。
三、可変ピッチ・プロペラ、フラップの採用により、機体重量の増加にもかかわらず、離着艦性能をはじめ、一般性能がよくなった。
四、主翼の主要部は、水密構造になっており、不時着水をしたときでも、長時間水上に浮いていることができる。
五、主翼は構造のかんたんな上方折りたたみ式で、操作時間が早く、確実である。
以上のように、完成当時は特徴の多い新式の艦上雷撃機であったが、馬力不足、低速、航続距離の不足など、性能的にはまだ十分とはいえず、最初の檜舞台であったミッドウェー海戦では、合計四一機のTBDが参加し、帰還したのはわずかに六機であった。

その大部分は、零戦の餌食となったわけである。

アメリカのTBD、日本の九七式艦攻は、ともに当時の艦上攻撃（雷撃）機としては、世界でもっとも進歩した構造であった。しかし、実戦ではともに戦闘機の絶好の目標となり、敵味方とも、交戦ごとに大きな犠牲を出すのがつねであった。

発動機の馬力、乗員数、機体の寸法、重量など、一般データは偶然にも九七式艦攻とTBDはよく似ており、また被害の多いことでも、日米海軍航空隊のなかでは最高の率をしめした。

TBDシリーズの生産はTBD1だけで意外にすくなく、革新的な雷撃機でありながら、活躍期間は短かった。悲劇の傑作機である。

TBFアベンジャー（アメリカ）

鈍速のTBDにたいする次期艦上雷撃機として、原型のXTBF1は、一九四一年八月に初飛行し、太平洋戦争がはじまってから急速に量産態勢にはいり、たちまちアメリカの主力艦上

TBM3アベンジャー

雷撃機になってしまった。

TBDにくらべて、馬力、搭載力とも二倍にはねあがったアベンジャーは、ちょうど日本の「天山」艦攻に相当するが、機体の寸法、防弾装置などはぜいたくで、多用途性にとみ、物資輸送機としてもつかえるほどの余裕をもっていた。

単発の艦上機としては、もっとも大型で、その重量は日本の九六式双発陸上攻撃機に近い。

魚雷を、双発重爆なみに胴体下の爆弾倉のなかにいれたり、その後方に段つきの下方銃座をもうけたり、単発機としては格段にデラックスな機体で、安全艤装もすぐれていた。

使えばつかうほど真価を発揮し、丈夫でながもちする雷撃機であった。戦後、約一五年間ものながいあいだ活躍しており、一時は、日本の海上自衛隊でもさかんに使われたことがある。これだけの傑作雷撃機は、ほかにはみることができない。

第一線で活躍していたダグラスADスカイレイダーは、急降下爆撃機兼雷撃機で、いわゆる新しい型式の艦上攻撃機であるから、純然たる雷撃機ではTBFが最後のものとなった。

生産はグラマン社で、一九四二年一月から四三年十二月までに、TBF1、2、3を合計二二六〇機。ほかにゼネラル・モーターズ社がアベンジャーの量産向上に転向して、一九四二年十一月から終戦までTBM1、2、3、4の各型を合計七五四六機もつくり出した。総計一万機に近い量産である。

日本の「天山」艦攻の一二六八機にくらべると、まったく比較にならない数で、イギリス、カナダ、フランス、オーストラリアなど、自由主義陣営の各国海軍でも広く使われた。

TBF／TBMは、太平洋海域におけるほとんどあらゆる空海戦に参加しており、高空水平爆撃と、低空魚雷攻撃、および長距離偵察から輸送、救難と、あらゆる用途につかわれ、もっとも武勲の高い雷撃機となった。

戦艦「武蔵」「大和」の撃沈に活躍した雷撃機も、もちろんアベンジャーである。


フェアリー・ソードフィッシュ（イギリス）

第二次大戦の初期、艦上雷撃機による魚雷攻撃がとくに注目されるようになったのは、一九四一年五月、アイスランド沖における英独海戦からである。

このとき、ドイツ海軍の新鋭戦艦ビスマルクが、英海軍が世界にほこる巡洋戦艦フッドを撃沈したが、英海軍はその反撃に、

ソードフィッシュ

空母ビクトリアスから発進させたソードフィッシュをつかった。

同機の雷撃は、直接に撃沈するまでにはいたらなかったが、致命的な数発の命中によって、さすがのビスマルクも進退に窮した。

そして、英艦隊の包囲攻撃をうけて撃沈されたのである。

そのまえにも空母イラストリアスのソードフィッシュが、タラント港を夜間空襲して、イタリア戦艦リットリオおよびカブール級二隻に大損害をあたえるなど、第二次大戦初期におけるソードフィッシュの活躍は、なかなかめざましいものであった。

ソードフィッシュは一見、複葉の旧式な雷撃機で、速度はおそかったが、運動性、航続力、搭載力、離着艦性能など、あらゆる点で実用本位の機体として成功し、複葉の雷撃機としてはもっとも成熟した傑作機といわれた。

しかし、この好評はかえって英海軍雷撃機の単葉化をおくらせる原因となり、日米が九七式艦攻や、デバステーターを採用していたころでも、依然として複葉、固定脚のアルバコアをつくっているしまつだった。

これは、あまりにも因襲にとらわれすぎたためである。

原型は一九三三年に初飛行したフェアリーTSR1であるか

ら、基本設計はそうとうに古い。また、一九四四年まで生産がつづけられていたといわれており、その信頼性は、まさに抜群のものといえよう。

型式別にすると、Mk1から4までにわけることができるが、外形的には大差なく、Mk4だけは密閉風防をとりつけている。

全生産機数は二三九一機で、複葉の雷撃機としては最高である。

降着装置は水陸交替式で、双浮舟つきの水上機は、艦載カタパルトの発射用にできていた。

TSRの名称通り、弾着観測、偵察の三用途につかわれた。

旧式ながらエピソードの多い飛行機で、戦後の映画『ビスマルク号を撃沈せよ』では、本機のすばらしさが再認識された。イギリス国民にとっては「バトル・オブ・ブリテン」で活躍したスピットファイアやハリケーンについで、思い出にのこる不滅の名機であることはいうまでもない。

SBDドーントレス（アメリカ）

海上を走るちいさな目標にたいして、一発必中の効果をねらう艦上急降下爆撃機を、世界で最初に研究し、具体的に実用化

SBD3ドーントレス

したのは、アメリカ海軍航空隊であった。

最初のテスト機は、一九二八年に完成したカーチスXF8Cという複座戦闘機の構造と名称をもつ複葉機で、翌年、これの改造機にたいして、カーチスは初めてヘルダイバーの名称をつけた。

そのころからアメリカ海軍の艦上急降下爆撃機は、マーチン、コンソリデーテッド、グレート・レーキス、ヴォート、グラマンの各社でも研究試作がおこなわれ、一時、新式の艦爆は、アメリカ海軍の一手販売のような観を呈した。

艦爆の研究に関するかぎり、日本とイギリスは、あきらかに一歩立ち遅れていた。

最初に量産されたアメリカの艦爆は、カーチスSBC3ヘルダイバーで、一九三七年から就役した。これは、胴体内に車輪を引き込める複葉機で、イギリスのホーカーPV4や、日本の九四式艦爆および九六式艦爆にくらべると、構造的にも、性能的にも、あきらかに一段と進歩したものであった。

低翼単葉型で最初に成功したのは、ヴォートSB2Uとノースロップ BTであったが、太平洋戦争がはじまるころには、ノースロップBTシリーズから発達したダグラスSBDドーントレスが艦爆の新鋭主力となっていた。

SBDは、日本の九六式艦爆のライバルとみられた機体で、ミッドウェー海戦では、ダグラスTBDデバステーター艦上雷撃機とコンビで大活躍をし、日本航空艦隊の撃滅に大戦果をあげた。アメリカ海軍で、最初にクローズアップされた武勲機である。

前記のようにこのSBDは、もともとはノースロップ社が基礎設計をしたものであるが、一九三八年にノースロップ社がダグラス社と合併したため、ダグラス社ではDB19の名称で開発し、一九三九年に、SBDドーントレスの名前で生産が開始された。

XBT1いらい、エアブレーキ兼用の穴あきフラップを採用しているのが、その大きな特徴といえる。

防弾艤装をしたSBD3が一九四一年三月から整備されて、アメリカ海軍の新しい威力となった。

このときに、陸軍むけのA24攻撃機も採用になり、ダイビング・ボマーとしてのドーントレスの地位が確立された。

SBDの生産機数は、SBD5の三〇二五機を最高として、各型合計五九三六機で、九九式艦爆の一四九二機にくらべて約

SB2Cヘルダイバー

四倍の量産であった。

太平洋戦争の全期間を通じて、ドーントレスによって撃沈、撃破された日本の艦船をくわしく調べることができれば、それは海と空の戦史の研究として、ひじょうに興味ある問題である。

SB2Cヘルダイバー（アメリカ）

SB2Cは、一九三九年五月に、世界最強の艦爆の座をねらって設計がはじめられたカーチス社の野心作で、原型は一九四〇年十一月に初飛行した。

SBDドーントレスの二倍の爆弾搭載量を予定したSB2Cは、はじめ艦上機としてはやや大きすぎ、重量も大きいため、その実用性に疑いも持たれていた。

エセックス級空母が機動部隊の主力となってからは、もっとも効果的な艦爆となり、空母戦術に大きな飛躍をあたえることができた。

最初の制式機であるSB2C1は、意外にながい実験と改修の結果、一九四二年六月に完成したが、実際に戦場に姿をあらわしたのはさらにおそく、一九四三年十一月のラバウル攻撃のときであった。

SB2C3／4が艦爆としてめざましい活躍をしたのは、レイテ沖海戦から終戦までで、その戦歴のなかには戦艦「武蔵」「大和」の撃沈、呉軍港の空襲、日本内地飛行機工場の低空奇襲など、すばらしい記録がある。まさに海軍航空隊の花形というにふさわしい名機であった。

一見、胴体が短く、主翼と尾翼がひじょうに接近した、いわゆるズングリ型のSB2Cは、SBCの胴体を大型化し、低翼単葉にした感じのものとなったが、これは空母エレベーターのスペースの問題に束縛された結果と思われる。

SB2Cは、1から6までの各型があり、合計生産機数は五一〇六機で、日本の「彗星」艦爆の二一五七機にくらべると約二・五倍となる。生産および活躍期間がみじかかった割合には、機数は意外に多い。

各型の外観上の特色は、SB2C1は三翅プロペラでスピンナーつき。XSB2C2は試作水上機。SB2C3は四翅プロペラでスピンナーなし。SB2C4は四翅プロペラでスピンナーつき。最後の生産型であるSB2C5は四翅プロペラでスピンナーなし。XSB2C6は発動機を強化し、燃料タンクを増設した試作機。

スクア

なお、陸軍むけのA25の主翼は、折りたたみ式になっていない。

A25の九〇〇機、カナダのカナディアン・カー&ファンドリー社製のSBWが八九四機、カナダのフェアチャイルド社製のSBFが三〇〇機あり、これをくわえると総計七二〇〇機となる。

生産は一九四五年十月におわったが、アメリカではADスカイレイダーが整備されるまでのながいあいだ活用され、イギリス、カナダ、オーストラリア、ギリシャなどにも採用されたことがある。

ブラックバーン・スクア（イギリス）

第二次大戦の初期に活躍したイギリスの艦上急降下爆撃機としては、このスクアがいちばん有名である。

一九三八年十一月から第一線に配置され、艦上機としてははじめての低翼単葉引込脚の機体となった。

もちろん、イギリス海軍が制式に採用した最初の急降下爆撃機でもある。

本機は急降下爆撃のほか戦闘、偵察も兼務する一種の多用途機で、空中戦でドルニエDo18飛行艇を撃墜した戦歴をもっている。

もっとも大きな戦果は、一九四〇年四月のドイツ巡洋艦ケーニヒスベルクの撃沈であろう。また、フランスの戦艦リシュリューを爆撃したこともある。

機数は、アメリカや日本の艦爆にくらべるとひじょうにすくなく、合計一九〇機がつくられ、四つの中隊に配属されたにすぎない。

空母は、アーク・ロイヤルを主とし、一部はフューリーアスにも搭載され、一九四一年には早くもフェアリー・フルマーやホーカー・シーハリケーンに交代させられて第一線をしりぞき、練習機や標的曳航機となった。

この機体の後席に、四連装の旋回機関銃塔をとりつけて複座戦闘機としたのが、ブラックバーン・ロックである。

本質的には複座戦闘機の構造で、急降下時につかうフラップも、ふつうのスプリット式フラップで、あまりかわりばえのしない機体である。

しかし、武装は完璧にちかく、胴体下の懸吊爆弾架に五〇〇ポンド爆弾一個のほか、主翼の下に三〇ポンド爆弾八コを装備できた。

　また主翼内には、合計四梃の七・七ミリ機関銃を、さらに後席には一梃の七・七ミリ旋回機関銃を装備していた。

　これは、日本の九九式艦爆やアメリカのSBDドーントレスなどにくらべると、攻撃火力の点では、いちおうすぐれた装備といえよう。

私がテストしたBf109の実力

第1章

4

荒蒔義次

■一撃離脱戦法の極意

日本機とは異なるメッサーシュミットの使用法

独パイロットとの対決

昭和十六年六月、メッサーシュミットがドイツからはるばる神戸に到着すると、すぐに岐阜の各務原飛行場に送られてきた。

そして、さきに来ていた人たちとともに組み立てにかかり、メッサーの名テスト・パイロットのシュテーア氏が試験飛行を行なった。

その結果は上首尾だったので、日本側に整備取り扱いを教え、かつ操縦法もつたえた。

梅雨あけの七月の蒸し暑いある日、日独の操縦者たちが自国製の飛行機にのって、優劣くらべをしようじゃないかということになった。しかし、兵術思想というか、戦闘様式がまるっきり反対であったので、両機の空戦性能は同じでも、比較はむずかしかった。

日本側は、ノモンハン事件において、ソ連機に対して圧倒的な勝利を獲得し、ついにソ連は当時、塗装もしていないイ-15までも引っぱり出さざるを得なくなった。

わが国は独特の旋回戦闘方式を重視し、したがって試作方針も、速度と旋回性をともに要求していた。

一方、ドイツ側は、大編隊主義の一撃離脱戦法を採用していた。すなわち、速度、上昇力を利用して接近し、敵のうしろの死角から浅い角度で攻撃し、もし不利な状況にでもなれば、すぐ急降下でさけ、そのうしろを友軍機に守ってもらう戦法で、四機編隊を採用していた。この四機の相互支援がよければ、わが国のように格闘戦の技量がなくても、すぐ一人前として戦場に立ちうるのである。

速度、および上昇性能に重点をおいてつくった戦闘機としては、旋回性の低下をきたすのは当然のことで、いきおい一撃離脱戦法になるわけである。

メッサーに対して日本側は、よく似ていて、当時、重戦として設計されたわが国唯一の戦闘機「キ44」、すなわち、のち「鍾馗」とよばれた機で、対抗した。

ドイツ側の操縦者は、シュテーア氏でなく、ロージヒカイト大尉であった。彼はメッサーに乗って、フランス進攻作戦に参加し、敵機を一〇機ほど撃墜したばかりの、硝煙なまなましい戦士で、三〇には間のある金髪の美青年だった。

昭和16年夏、日本の空を飛んだBf109E。右はウィリー・シュテーア氏。

私と彼とは、飛行場上空で対戦することになった。晴れた空もいつのまにか積雲がビッシリとわき、ところどころにすきまを残すだけにかわっていた。高低の位置から戦闘開始という約束で、空戦をはじめることになったが、彼はあくまで彼らしい戦闘方式に終始した。

まず彼が、低位で飛行場上空に進入してくる約束なのに、いつまでたってもあらわれない、飛行場には日独の高官連中が多勢、形勢いかにと見学にきている。

それで私は、二〜三〇〇メートルの雲層をつきぬけて雲の上にあがってみたが、一面の積雲がギラギラとまぶしく反射し、暑い太陽が風防ごしに照りつけるだけで、飛行機の影すら見えない。

もう一度、ゆっくりレバーをしぼりながら雲下に出てみたが、メッサーはそこにも見あたらない。しかたなく雲の下際をゆっくり旋回していると、とつぜん横あいからメッサーがあらわれて、尾部にもぐりこんできた。

私はただちに急旋回にうつり、うしろに回りこもうとすると、いきなり頭の上の積雲のなかに飛びこんでしまった。やむをえず、ふたたび旋回飛行をしていると、どこからともなくあらわれるのだ。

はじめの約束は、彼が低い高度で飛行場上空に進入してくるのに、私が第一撃をかけたら、回避して戦闘にはいるというとりきめだった。

しかし、ロージヒカイト大尉は、雲を利用して見えがくれに飛行しながら、すこしも飛行場に近づかず、私が下をさがしているのをよいことに、上方から接敵してきたのである。約束がちがう、と怒ってもはじまらない。実戦であれば、当然こっちが墜とされていたであろう。

こんどは私が低く飛ぶ番なので、雲上に出て雲の頭をスレスレに飛んだ。もし不利な態勢になれば、雲のなかに突っこむこともできるし、後下方から攻撃される恐れもないからと思って、雲上にいたのだが、またしてもロージヒカイト大尉にやられるはめになった。

彼は決して戦いをいどんでくるようすがなく、遠くからこちらの位置を確かめたのち、大まわりして太陽を背にして突進してきた。

太陽の方向にまわったので、チラチラしてメッサーが見えなくなったので、私が旋回しながらさがしていると、浅い角度で二、三〇〇メートルのところに降下してきた。

そして、後下方にむかって、なおもまわりこんでくるので、降下旋回ぎみに、こっちも急旋回にうつり、互格の位置についたとたん、彼は急に旋回をやめて急降下し、雲の中に逃げこんでしまった。

進撃をやめて旋回していると、こんどは下からきて、いきなり尾部に喰いさがってくるので、また旋回に巻きこもうとすると、ふたたび雲のなかに逃げてしまう。

結局、真の空戦くらべはできなく、数日後、日本人同士で両機に乗り、日本式の旋回戦闘をして比較することにした。

だが、よく考えてみると、彼は実戦できたえられた男だった。制約もへったくれもない。メッサー単機でいかにして勝つか、これしか考えていなかったのではなかろうか。

つまり、最大限に機の特性を発揮して、利用しうるものはあまさず利用して、いかにして第一撃から有利に敵の後方につくかが、敵を墜とし、生き残る道だと実際に教えられたのであった。

メッサーの持つ七クセ

メッサー対キ44（「鍾馗」）の空戦比較研究がおこなわれたのは、先日とちがい雲ひとつな

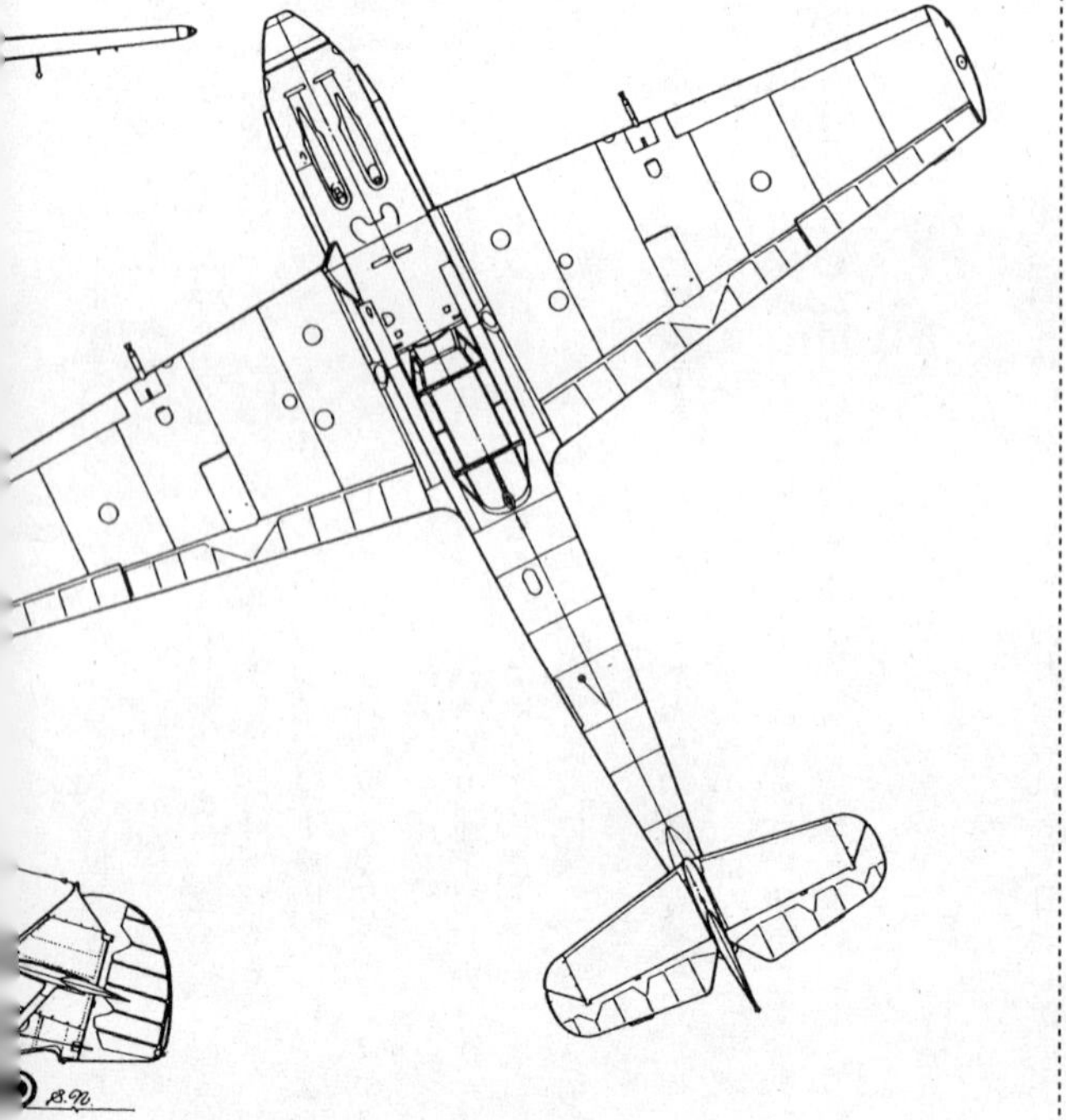

作図／野原 茂

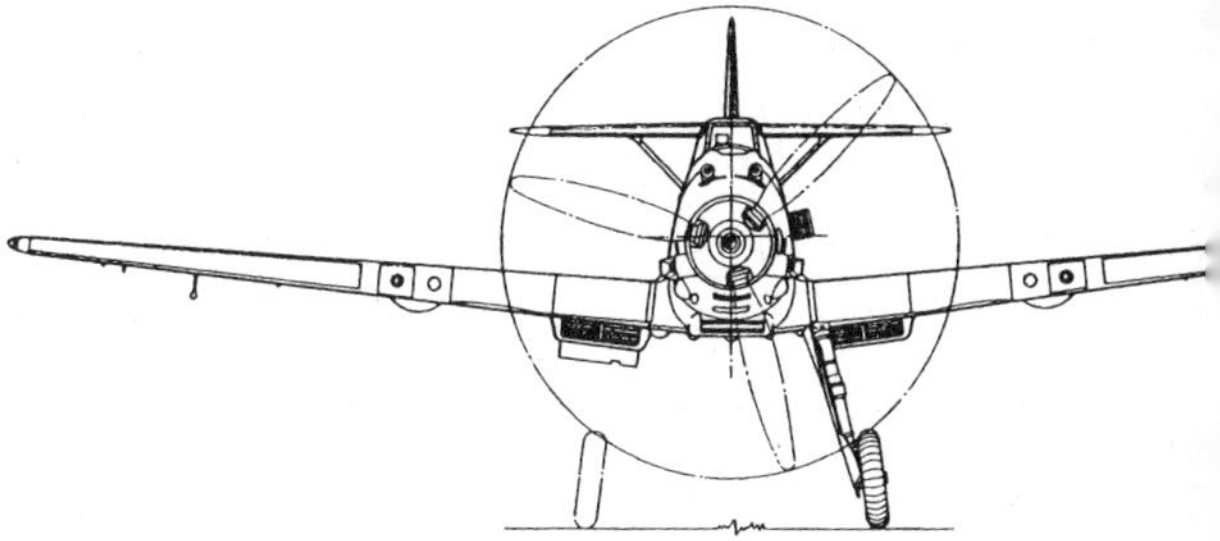

メッサーシュミットBf109E-3（ドイツ）

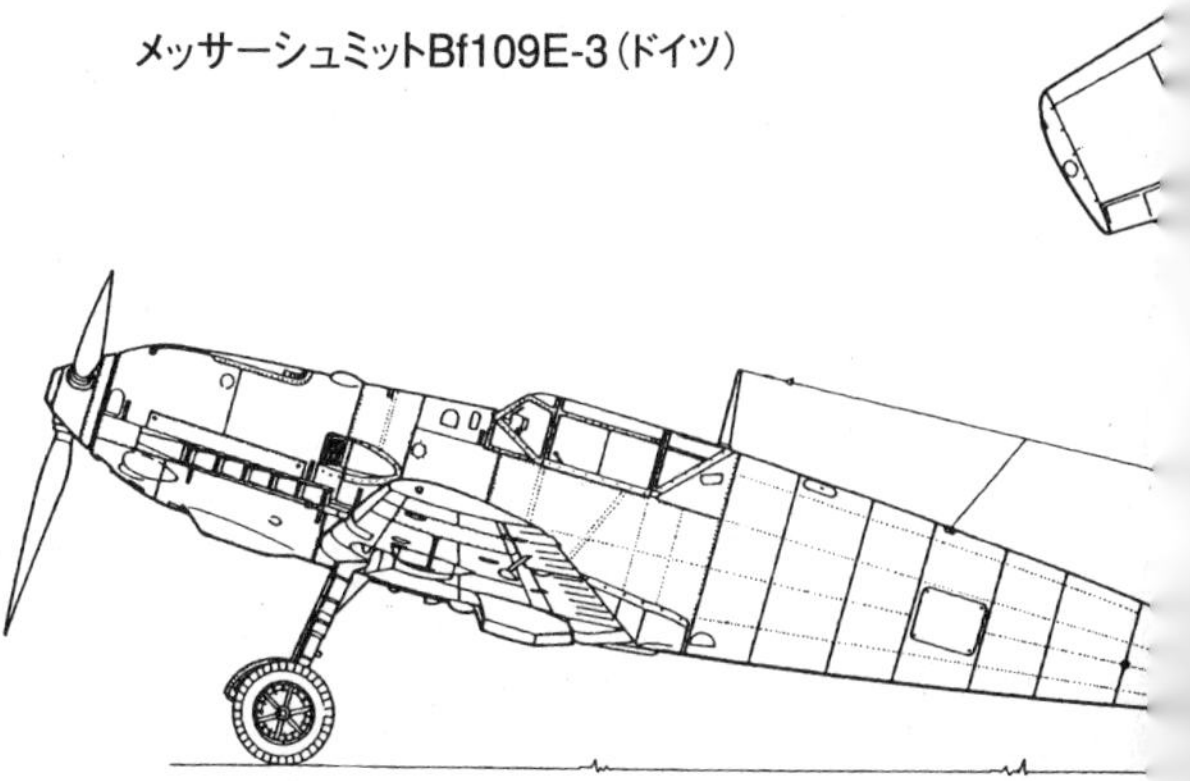

い良い日だった。

キ44の空戦フラップは空戦中、旋回性をよくするために、操縦桿の上部にとりつけられた押しボタンをおさえると、フラップが上がるしかけになっている。

形式はファウラーフラップで、抵抗よりもむしろ翼面積を増すような考えでつくったものである。

もちろん、これは離着陸にも使うのであるが、旋回中にボタンを押すと、いくらか回りがよくなり、旋回をやめてフラップをひっこめると、スピードが増す。

このフラップは全開時、一五度になる。しかし、急旋回中はフラップを使っても、翼の一部が失速するのか、操縦桿がガクガクと感じ、旋回しにくくなる。

さきに主翼の風洞試験成績をみたとき、急激な仰角の変化をあたえると、主翼の付け根ふきんに剝離が起こるということを知った。

それでこの剝離をすくなくするには、フラップを半分つかえば、急旋回時の失速をある程度ふせげるのではないか、と考えた。

すなわち、翼面積だけを大きくして、角度がまだあまり大きくならない、八度くらいのところにフラップをとめて、メッサーと空戦してみることにした。

キ44に乗り、フラップを八度として、飛行場西方の上空に待機していたメッサーに対して、第一撃を上方から開始し、ついで連続攻撃をかけて、決してメッサーに反撃や退避をゆるさずに終始することができた。

入れかわって、メッサーが高位から攻撃をかけてきたので、旋回回避するとともに、反対側に切りかえ、腹の下にもぐりこみ、メッサーの離脱方向の先へむかって急上昇した。そのため、完全に後下方一〇〇メートルくらいのところに占位してしまった。

メッサーはこれをふりはなそうと、連続切りかえしに出たが、ついにふりはなせなかった。このときに使った八度の空戦フラップは、実によくきいて、旋回中、決していつものような失速状態を起こさず、スムースにまわった。

その結果は、格闘性が悪いといわれたキ44も、メッサーにくらべるとはるかによく、メッサーがあれだけの戦果をあげうるならばということになり、四年間にわたる悩みを解決して、「鍾馗」として採用することになった。

そして九月には、新選組一個中隊を編成して、大東亜戦争の緒戦に参加することになったのである。

メッサーの戦闘機としての特長といえば、当時としては速度、上昇力、急降下のよいことで、欠点は旋回性の悪いこと、離着陸、とくに着陸のクセの悪いことであろう。

構造上は、頑丈で、マスプロに適

Bf109の操縦席。日本人乗員でも幅が狭かった。

していること、電気系統がよく発達していたことなどである。発動機はもちろん本場のダイムラー・ベンツなので、文句はない。

八月に入って、メッサーを岐阜から明野にうつして、ここで、射撃試験その他をつづけることにした。

メッサーは座席の幅もせまく、当時、やせていた私が、夏の飛行服ですわるのすらやっとこさであった。それをよくドイツ人がはいれるものだと感心したが、それくらいせまいうえに、腰をおろすと前方がよく見えない。

すなわち、静置角が比較的大きいうえに、エンジンの頭が長く、おまけに肩バンドをしめると、前こごみが利かなくなり、上をむいたようになる。

離陸のときには、十分に操縦桿が前に押せず、離陸方向への直進がむずかしく、蛇行しがちになる。そのため、十分に風に正対させて、蛇行しないようにつとめなければならない。はじめて乗る人は、よくこの失敗をおこし、ヒヤヒヤさせながら離陸していったものである。

着陸は、飛行場にはいってくるまではまだよいが、低速になると、エレベーターのききが悪くなるか、尾部がさがりにくくなる。

したがって、水平のまま接地すると、あとはダンダンとバウンドがはげしくなって、左右どちらかにかたむく補助翼がきかずに落下し、シバルトボアーをおこして引っかけられて、翼端を地面につけ、こわしてしまう。

ことに日本機に乗りつけている人が、この過ちをおかしやすい。

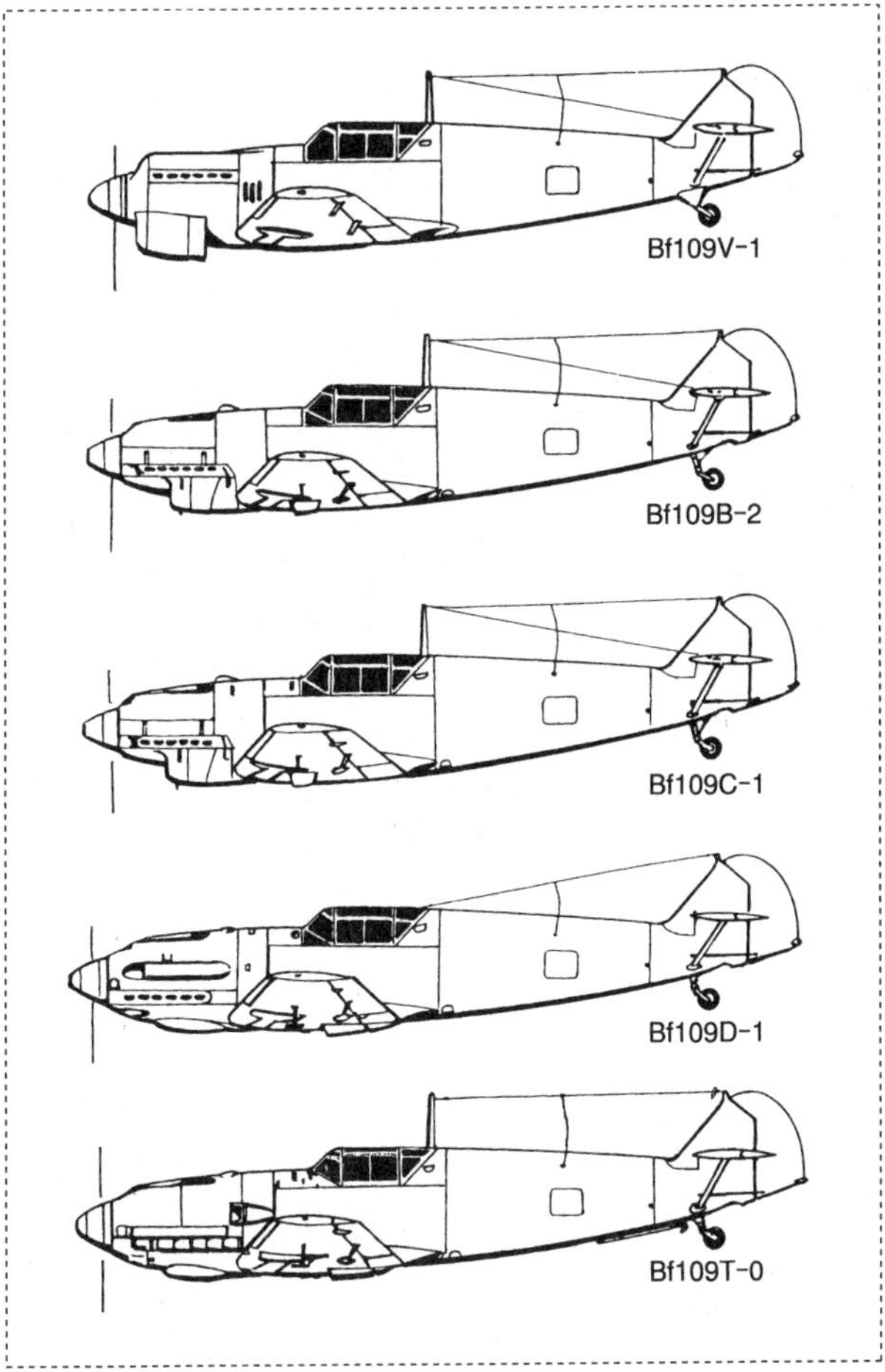
Bf109V-1
Bf109B-2
Bf109C-1
Bf109D-1
Bf109T-0

メッサーの接地は早めに、機が浮きあがらないように操縦桿を引いて、尾部を下げることが大切である。

ものすごい加速性能

修理のおわった補助翼をとりつけると、私は試験飛行に飛びあがる。そして水平飛行中に操縦桿を手ばなすと、左右のどっちかにかたむく。

そのかたむき量をおぼえておいて、降りてきてから補助翼の修正片を直して、もう一度あがって手ばなししてみる。

傾きがなくなればよし、そうでないときは、同じことをくりかえしてかたむきをなくす。

あまりひんぱんに破損するので、しまいには修正が上手になって、一、二回で完全に水平飛行ができるまでに、メッサーの傾き直しが上達してしまった。

ある日、岩橋少佐が、

「こんなに何度も、こわれて修理ばかりしている補助翼なんかつけて、あぶなくて急降下試験なんかできるかい」

と怒っているので、

「よし、それなら、俺がやってみるから」

とはいったものの、内心はいくらか不安があった。しかし、機体の強度は十分なので、引きおこしさえうまくいけば、補助翼が飛ぶようなこともあるまいと、私は急降下で計器読み七五〇キロ／時までやることにして離陸した。

暦のうえでは立秋をすぎたころだった。空はすみきって、実に視界のきく気象状況だ。回転を増してぐんぐんと高度をとる。弾薬もつんでいないせいか、上昇性はすこぶるよい。

高度を三〇〇〇メートルにとり、まず軽いダイブを二、三回やってみる。補助翼には異状がない。大丈夫だ。

高度は一五〇〇メートルだ。もう一度、こんどは四〇〇〇メートルまであがる。

早く試験をかたずけようと、伊勢湾のまんなかを北にむけて、しだいに機体を水平にする。

Bf109E-1型のプロペラシャフト内機銃の銃口。

午後の太陽は、西南から座席のなかを燃やしつづけるように暑い。下に小さな漁船が数隻うかんでいる。

「よし!」

レバーをしぼりながら、操縦桿を前に押してゆく。急激に機首が下がる。なおも押しつづけ、ほぼ七、八〇度になったろうか、腰が浮くような感じがする。

操縦桿をとめて、フットバーをかかとに力をいれて固定する。降下姿勢がきまる。

速度計の読みにうつる。ときどき

高度計をみる。

そのあいだに眼は、左右の補助翼をチラチラとみるが、異常はない。機は微動だにせず、すわりのよいこと、主翼覆板もビクつかない。まったくメッサーは丈夫にできているな、と思った。

日本機にくらべて加速がじつに速い。ぐんぐん速度がましている。だが早く予定の速度まで出して、引きおこしたい。

六〇〇キロ／時、六五〇キロ／時、だんだん抵抗がましてきて、操縦桿も重くなってきたが、頭をあげるようなこともなさそうだ。一生懸命に操縦桿をおさえこむ。六七〇、六八〇、七〇〇キロ／時ラインをすぎた。もうひとふんばりだ。

引きおこし高度がすくなくなると、引きおこしもムリになって、危険をともなうかも知れない。補助翼もウッカリすると、そろそろ破損でもするころではないかしらと、いろいろな心配がおこってくる。

機と人とのたたかいがつづく。もう七五〇キロ／時にちかい、よけいな考えをすてて、指針がラインに近づくのを一心に待つ。耳は気圧の急変と発動機の音とで、ガーンとなっている。

ついにテープを切った。高度はいま二〇〇〇メートルを下ったばかりだ、ホッとした。これからはさらに慎重にいこう。

ゆっくり手をゆるめる。機はすべるように前へ前へとのめってゆく。こんどは高度が少し心配になりだして、思いっきり引きおこしにかかる。

強いGがからだ全体にかかってきて、座席のうしろにめりこみそうになる。一〇〇〇メートルが切れたころ、降下の姿勢位になってきた。

低空の夏の空気層に入ったのと、はげしい緊張感から解放されたのか、一時にどっと汗がからだ中にふきだした。

日本陸軍の傑作重戦「鍾馗」。Bf109と空戦性能を比較された。

手足がガクガクするようにゆるむ。なにか流行歌でも、鼻歌でうたいたいような解放感がみなぎってくる。

午後のせいか、下に見える飛行場も閑散としているし、付近に飛んでいる飛行機もいない。これからくせの悪い奴での着陸なので、慎重に接地する。

一時にムッとするような草いきれが、開けた横の小さな窓から流れこんできた。

ピストには、皆がもの憂いように座りこんでいた。ひと通りの状況を機関係に説明し、いっしょに補助翼の取り付け部などを見てまわったが、異状がない。

岩橋少佐に、

「なんでもないよ、びくともしないさ」

「そうですか」

それですべてはおわった。あとは皆といつもと同じように、とりとめのない話にうつった。

さすがである。メッサーはドイツ人らしい飛行機の作り方、この急激な飛行にもびくともしなかったのである。

独軍が、むしろよいと思われるハインケルHe112をとらず、メッサーを採用し、これで第二次世界大戦をはじめたのは、メッサーの上昇力、速度、急降下性能とマスプロ性を重視したためであったと思われる。

わが国も、このメッサーによって、考えさせられたことや、参考となったことは決してすくなくなかったと思う。

「鍾馗」との比較

最後にメッサーとわが「鍾馗」を比較してみたい。

メッサーと「鍾馗」は味方同士であって、銃砲火をまじえたことはなかったが、幸いわが国にきたので比較することができた。

まず用法上より考えると、だいたい同じ重戦思想から設計されたものであった。

水平速度はほとんどおなじで、似たりよったりである。旋回性は「鍾馗」の方がいくらか良いように思う。

しかし、上昇力は「鍾馗」の方が断然すぐれ、世界的にいっても、インターセプターとしては最高のものである。

急降下性能は、「鍾馗」も良い方ではあるが、メッサーは「鍾馗」よりもずっとすぐれていた。

離着陸はどちらも良い方ではないが、クセのない点からいえば、「鍾馗」に軍配をあげねばならない。発動機の信頼性はダイムラー・ベンツの方がいい。

また、マスプロ性はメッサーにはかなわない。「鍾馗」の翼の構造などは、いたずらに工数をくうのみで、おせじにもマスプロ性ありとはいえない。

しかし、ともに特長ある戦闘機として、終戦まで活躍しえただけのものを持っていたといえよう。

名機マスタングについての考察

第1章

5

堀越二郎

■〝零戦〟設計者の論評

傑出した機体構造と形態、そして高性能発動機

めぐまれた設計土壌

Ｐ51マスタングを、第二次大戦中の最優秀ピストンエンジン戦闘機と見ることに、だれも異論はあるまい。しかし、本機はアメリカの土壌だからこそ生まれ、かつ使いこなされた戦闘機だと思う。

もし日本で生まれたら、離陸距離の長いことや、正前方後方視界は大いに議論をまき起こしたことだろう。

私はあるアメリカの空軍パイロットから、グラマンＦ８Ｆベアキャットが本当にアメリカが誇りうる艦上戦闘機だった、ときいたことがあるが、Ｐ51Ｈあたりとくらべて総合的にどうなのかわからない。

ベアキャットは、すくなくとも第二次大戦中には他機と実戦の場面でわたり合ったことが

ない。同一ベースで実測した数字でないと信頼できないので、発表された数字だけで判断することはできない。実績をもたないものは除外した方がよい。

その点、零戦、メッサーシュミットMe109、フォッケウルフFw190、スピットファイア、マスタングとなると、実戦の証拠がそろっているので、話はたしかである。

そのうえ、飛行機というものは日進月歩で、一年後に設計されたものは、それだけ進歩したテクニックと、進歩したエンジンと装備が使えるので、それだけ進歩した性能のものができるのは当然である。

本機は、零戦が試験飛行をはじめた一年後に設計に着手され、前記の世界の代表的戦闘機にくらべていろいろな点で新しいテクニックが使われ、それだけ進歩した体質に生まれていた。

しかし、なんといっても、ロールスロイス・マーリンという馬力（とくに高空での馬力）、重量、装備のうえでの飛行機の抵抗、加速性、信頼など、あらゆる性質において、世界中の航空発動機のなかでズバぬけて優秀な発動機を得たことが、本機の運命を決定的にした理由であったと思う。

戦闘機設計者として、こんな発動機にめぐまれたことは、冥利につきるというべきであろう。

もうひとつ特筆すべき点は、はじめからヨーロッパには類を

昭和20年夏、硫黄島に配備され、日本本土へ直接攻撃を行なったP51D。

みない長大な航続性能の要求のうえに設計されたことで、零戦とおなじく本機の活動舞台を拡大するうえに有利に作用したことである。

そうだといっても、もし設計者が平凡な人たちであったら、めぐまれた条件を一〇〇パーセント活かした設計ができるものではない。本機の設計主任はエドガー・シュミュード技師というドイツから帰化した人で、第二次大戦前、フォッカーや、メッサーシュミットで機体設計の経験をつんでいた。

この人の上に社長のダッチ・キンデルバーガーという飛行機の鬼ともいうべき人と、

名技師長レイモンド・ライスがいて、シュミュードに構想をさずけてからは、あらゆる便宜をあたえて自由に腕をふるわせた。

また、戦闘機の設計データを、P40をつくったカーチス・ライト社が供給してくれたという。このシュミュード技師は戦後、ノースロップ社に入り、豊富な戦闘機設計の経験と、あいかわらず鋭い頭脳とで、N156という斬新な万能軽ジェット軍用機を設計し、その練習機版がT38という米空軍の高等練習機に採用された。

この飛行機は、朝鮮戦争勃発後に流行した〝軽戦闘機〟論に乗って構想が生まれたものである。だが、その後の急速な戦闘機搭載兵器の発達は、軽戦闘機の思想を乗りこえて、戦闘機の重量化、大型化の趨勢をうながし、本機が完成したころは、すでに戦闘機として出る幕はなくなっていた。

もうひとつ本機にとって気の毒だったのは、ミサイル時代の到来が意外に早く、有人機削減の波に洗われたことである。

イギリスのフォランド社の〝ナット〟も本機とおなじ不運にめぐり合わせた。あのときの〝軽戦闘機〟論に乗って計画された戦闘機は多かったが、この両機以外は実物にならないで終わった。

その驚嘆すべき発達速度

私の経験と日本という地盤から考えて、とうてい不可能だと思われる放れ業は、設計開始から第一号機完成までにわずか一一七日、試験飛行開始までに六ヵ月しかかからなかったことである。

そのうえ、試験飛行でも問題でなく、まもなく追いかけてスタートした生産も順調に立ち上がり、一九四二年のうち（設計開始から三三ヵ月）に、若干の改造をやりながら一〇〇〇機ちかくが納入され、マーリン装備型が一九四三年中に三千数百機納入されたことである。

もっとも、あとで述べるように、本機で設計開始の時期というのは、普通の意味の基礎計画開始とはちがうと思われるふしがある。試作第一号機完成までの一一七日に、零戦など私が手がけた飛行機と公平に比較するためには、二ヵ月か三ヵ月、あるいはそれ以上、加算しなければならないだろうと察せられる。

しかし、そうであったとしても、またいかにノースアメリカン全社一体の推進の下とはいえ、驚異といわねばならぬ。

零戦は、私の設計チームが九六式艦戦や陸軍競試に応じたキ33の世話を片手間にやりながら設計し、かつ三菱名航がいくつかの機体を同時に手がけていたので条件は大いに異なるが、基礎計画開始から試験飛行開始までに一五ヵ月、一〇〇〇機の納入までに五〇ヵ月以上かかっている。

設計着手から初陣までは、マスタングは二八ヵ月、零戦は三三ヵ月で大差ないが、生産立ち上がりはマスタングは戦時下であり、零戦はほんとうの戦時下ではなかった。アメリカの工業力、マスプロ力は日本とはケタちがいであったから、比較するだけやぼかもしれないが……。

本機もはじめから幸福に生まれたものではなかった。むしろ偶然に生まれるキッカケをあ

P51

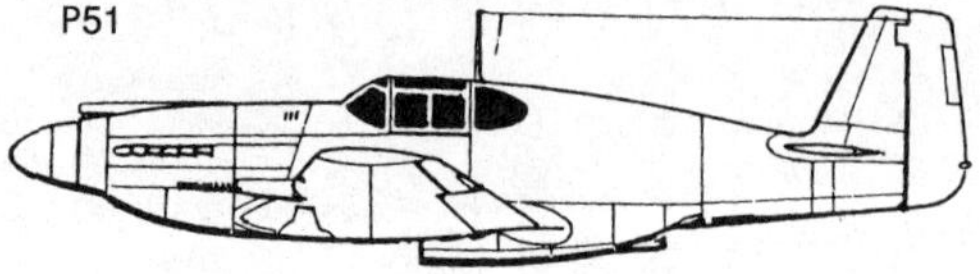

P51B

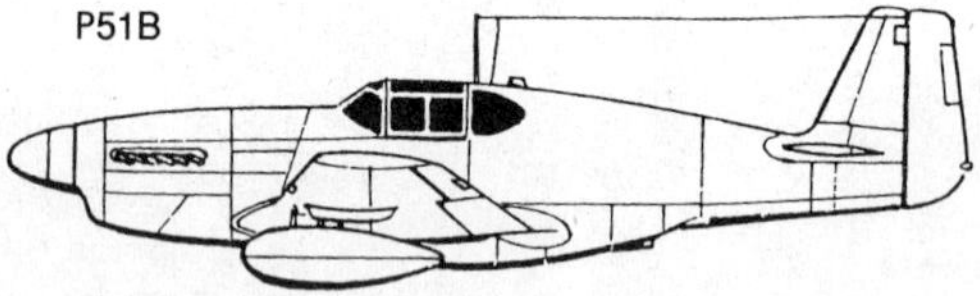

P51C

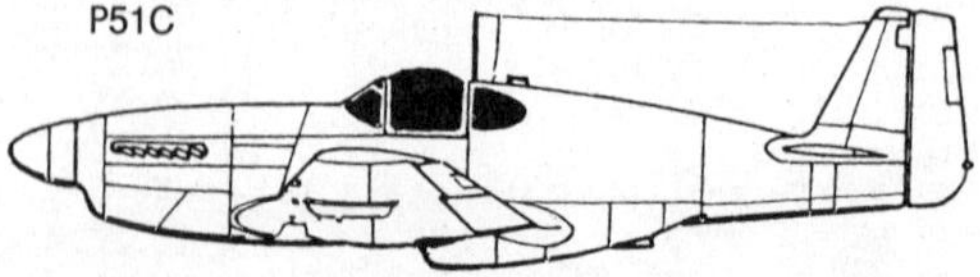

P51C

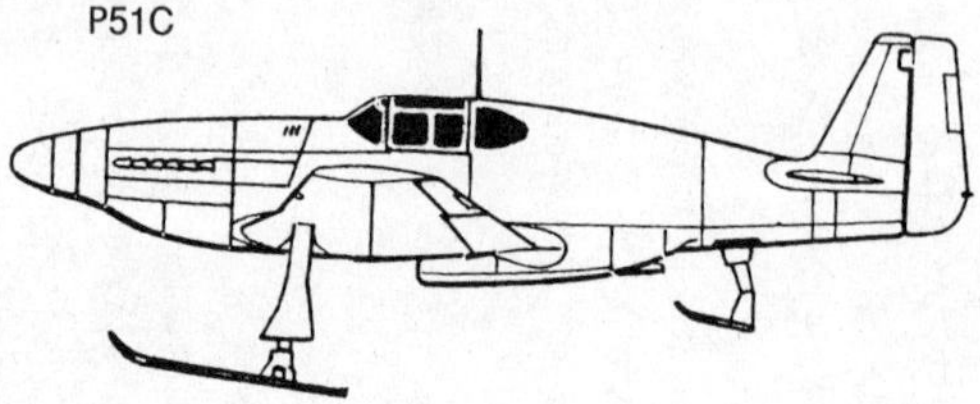

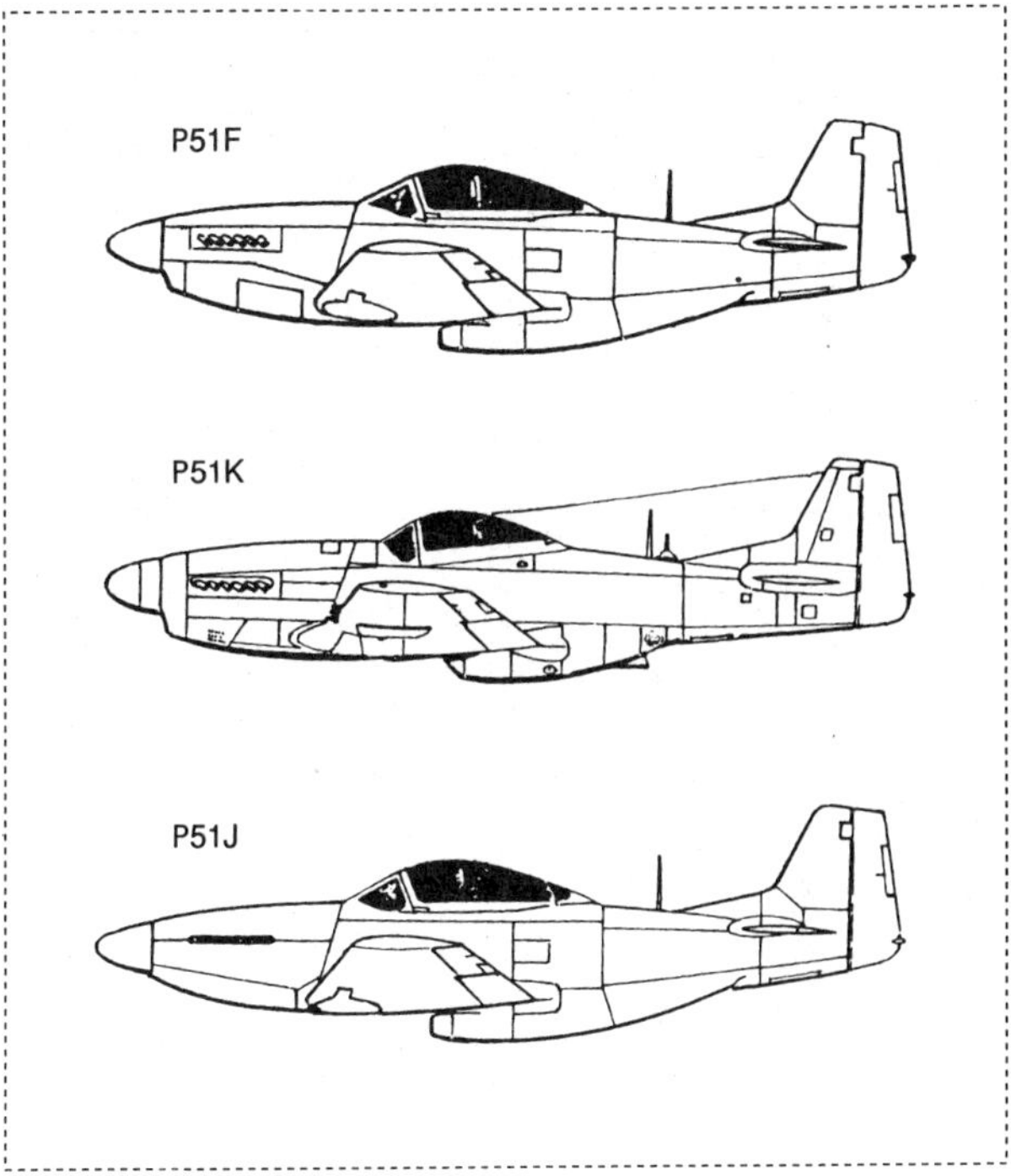
P51F
P51K
P51J

たえられたものである。

アメリカが参戦していないときのイギリスが、自分の金でアメリカ民間の技術と生産力を買い入れようとして派遣したミッションが、アメリカの航空機会社のいくつかと当たったすえ、ノースアメリカンの社長と契約して、イギリスの仕様にしたがって設計し、一二〇日以内に第一号機完成という条件をつけてでき上がったのが本機であった。

アメリカ陸空軍が注目しはじめたのはかなり後のこと、また本機の真価がみとめられたのはマーリン換装後、すなわち設計着手後、三年もたってからである。

本機の形態や構造をみると、とうてい一二〇日やそこらででき上がった機体とは思われない。液冷発動機にピッタリ合わせた流線形のひじょうに美しいライン、舵面の振合い、細部まで行きとどいた空力設計、軽量で量産向きの構造——これらはノースアメリカン社か、シュミュード技師かが、すでに腹案というよりも、でき上がった基礎設計をもっていたものと考えられる。

これにイギリスの設計要求で若干の修正をおこない、昼夜兼行で試作用の図面を画き、部品はいきなり現図を画いて、図面ができるそばから製作していったものであろうと想像する。

それにしても、スピットファイアより五年もあとで設計されただけあって、おなじ発動機を装備した型をくらべると、最高速は五〇キロ／時もまさり、構造ははるかに簡潔で新しく、長距離戦闘機でありながら、迎撃専門のスピットファイアに負けない上昇性能と運動性をもっている。

ということは、空力、構造両面の設計に実にソツがなかったからである。

スピットファイア時代からマスタング時代への機体設計テクニックの進歩のなかで特筆すべきものは、抵抗を逆に推力化する水冷却器の形状・配置ならびに層流翼である。

これだけで、最高速の差五〇キロ／時の過半ないし大部分は説明できよう。前のファクターだけで、高速戦闘機における水冷エンジンの、空冷エンジンに対する優位をますます絶対的のものとした。

兵装もけっして欲ばらず、一二・七ミリのブローニング銃四ないし六梃で、エンジンの馬力は性能を出すために使うという賢明な方針をまもった。日本の戦時中に設計をスタートした戦闘機が、用兵家の過重な兵装要求に押しまくられた点と、よき対照をなしている。

P51に搭載され、高性能をもたらしたマーリン・エンジン。

夢の発動機マーリン

機体の設計がいかにすぐれていても、発動機が優秀でなくては、優秀な飛行機は生まれ得ない。

とくに戦闘機の最小抵抗の多くをしめ、重量構成率からみても、燃料をふくめた動力装置は、全機の三五パーセント以上をしめ、性能では速度（抵抗と馬力とのかね合い）と上昇力（重量と馬力とのかね合い）が重要であるから、発動機が飛行機のできばえの生殺権をにぎっている。

つまり、当時の数年間の機体技術の差は、スピットファイアとマスタングの性能差になって現われたわけである。

同時代設計でエンジンがおなじであれば、性能差は数字的にはそう目立つものではない。しかし基本的な構想・狙いと設計のテクニックによっては、総合性能にはあるていどの差が出てくる。

そういう二つの飛行機をかみ合わせて見ればわかるもので、その実例は日本にもあったし、外国にもあった。

同時代エンジンでも、エンジンがちがうための性能差はなんともいたし方ない。実例はいくつもある。太平洋戦争中期以後のアメリカ機と日本機との対決では、われわれは大きなハンディキャップを負わされた。

そのハンディキャップ、つまりマスタングと日本の零戦以後の戦闘機の性能と稼動率のちがいは、エンジンの性能の差に帰せられる要素が多い。

戦闘機設計者として、一度マーリンを装備した飛行機は、性能の点で決して時代遅れにならなかった。その例はスピットファイア以下、多くある。とくに日本ではよい液冷発動機がなく、空冷発動機でも、大馬力のものの出現はつねにアメリカより遅れた。

したがって、世界的な高速、大上昇率の戦闘機が生まれ得なかった事情にあったので、うらやましいかぎりであった。

私は「雷電」の基礎計画で、初期の〝火星〟とダイムラー・ベンツ601Aとを比較したとき、後者は馬力が二割がた低く、かつ全開高度が一〇〇〇メートルも低かったにもかかわらず、最高時速が二〇キロもまさるとの結論を得た。

その推定最高時速約六〇〇キロは、アリソンV－1750－F3Rを装備した、初期のマスタングの最高速度とほとんど同じであった。

マスタングもアリソンを装備していた間は、マーリン装備のスピットファイアに対して、最高速と高空性能が格段におとっていた。

イギリスも本格的な戦闘機としての使用をあきらめて、カメラを積んだ戦術偵察機ならびに襲撃機として使用した。

しかし、さすがに機体固有の航続性能は物をいい、イギリスの基地から出発してドイツの国境を越えて作戦し得る唯一の単発機という特徴をはじめから発揮した。アメリカ側でも戦術偵察機と急降下爆撃機として実戦に投入した。

マーリンへの換装を提案したのは、ロンドン駐在のアメリカ陸軍武官であった。

イギリスとアメリカとの友好関係をもってしても、イギリス人の間からは、本機のよき生まれを発動機によって活かしてみたいという親身の愛情と理解が生まれなかった事実もおもしろい。とにかく、マーリン発動機を得て、本機ははじめて本質を発揮した。

零戦とマスタング

零戦や「烈風」とくらべてみて、空気抵抗は、空冷発動機と液冷発動機とのちがいだけのことはあった。主翼面積は零戦五二型とマスタングとは、ほとんどひとしく、「烈風」は四割がた大きかった。

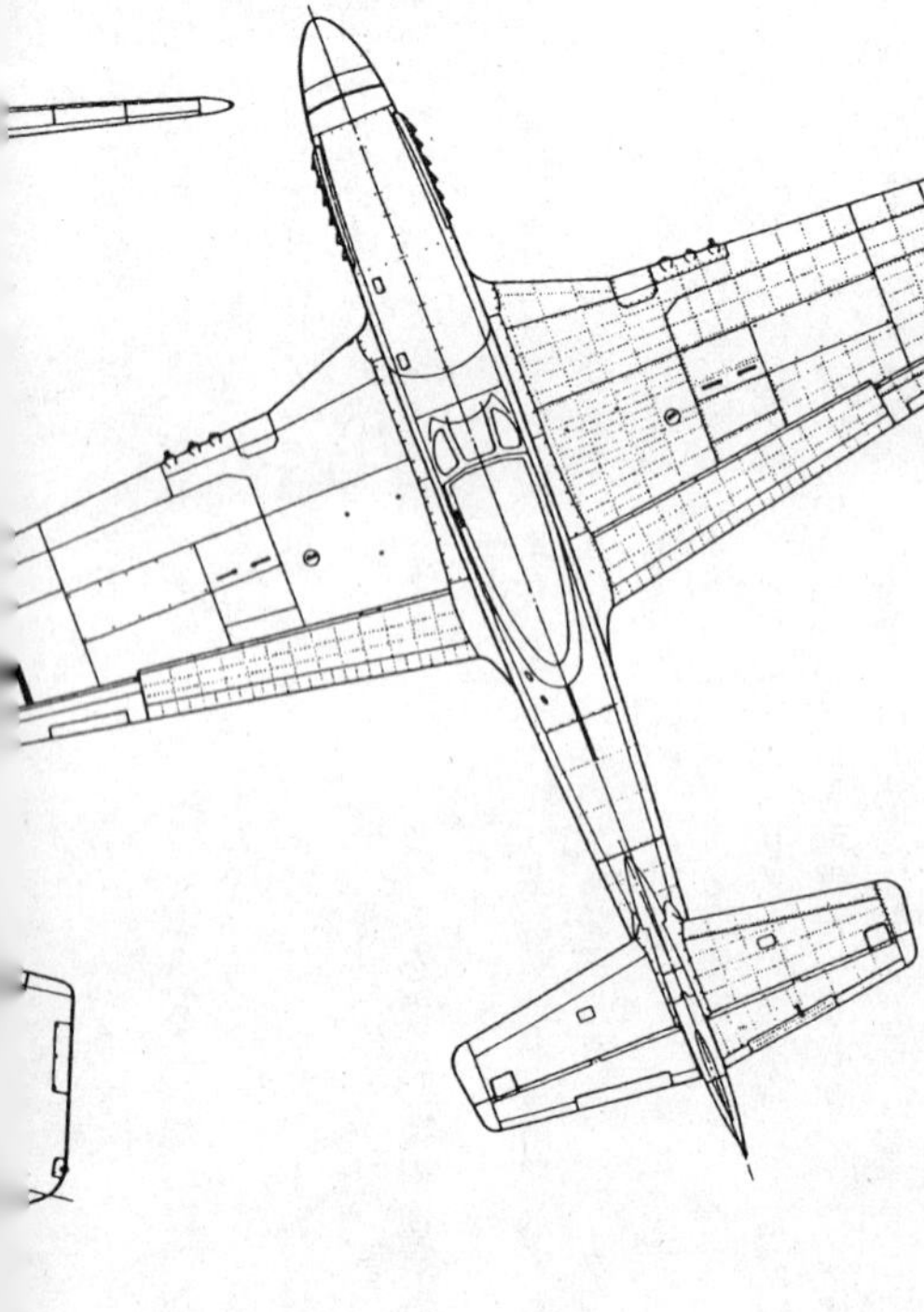

作図／野原 茂

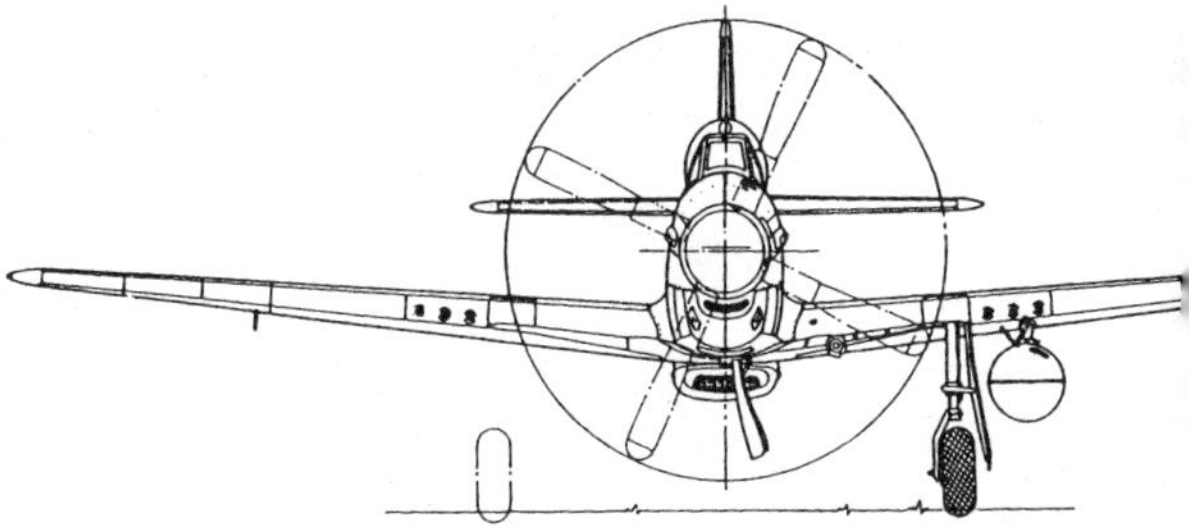

ノースアメリカンP51D-10-NA（アメリカ）

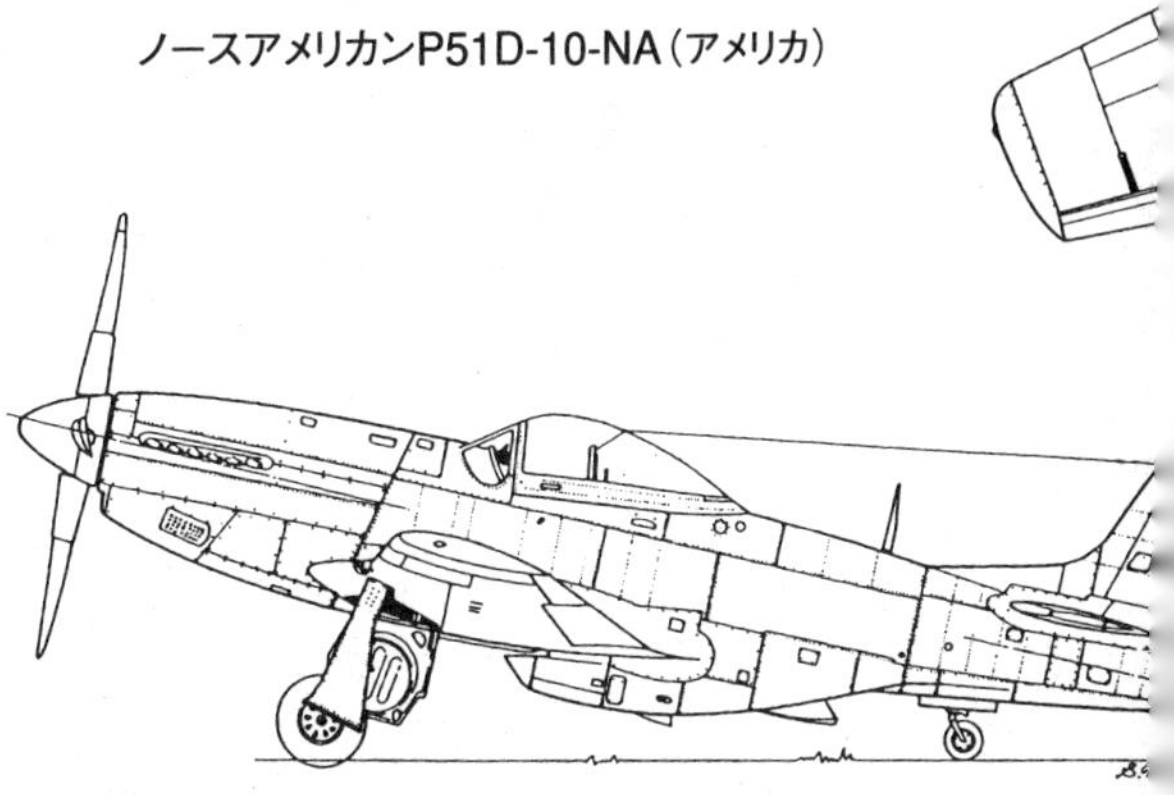

P51H

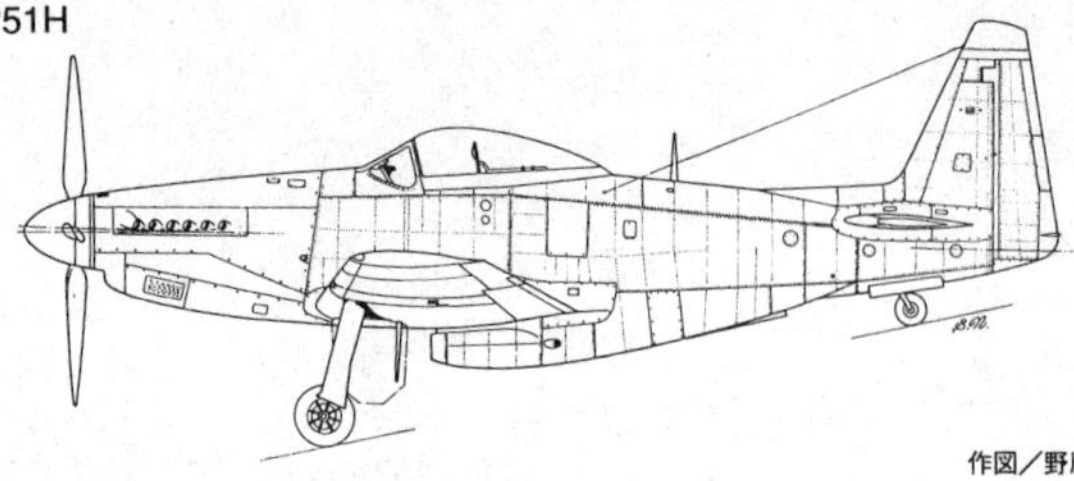

作図／野原 茂

冷却系統およびプロペラをふくむ発動機重量は、大まかに推定して零戦五二型一九〇〇キロ、P51D三四六〇キロ、「烈風」一一型三三〇〇キロであった。

つまりマスタングは、機体構造に対して、発動機のしめる重量は軽かった。以上からみて、構造重量では、われわれの戦闘機は防弾を考慮にいれても、だいぶ軽くできていた。

しかし、マスタングの主翼も、Gスーツを着用したパイロットが制限のGを越えた引き起こしをやると、主翼全体が上にまがって、永久変歪を起こしたそうだから、曲げに対して強度はあまっていたとは思われない。

外板を厚くして、ねじれに対する強度剛性を高め、急降下制限速度を格段に高いところにおいていた。しかし、急降下制限速度を同一まで高めたとしても、重量の点ではわれわれに若干、分があったと考えることができる。

発動機の性能は、向こうはちゃんと額面の値を出すし、こちらは燃料の質のハンディキャップのせいと、甘い出力推算態度の影響もあって、戦時中は額面値を大いに下まわった。

なんといってもマスタングの好性能は、第一に発動機と燃料によって説明できるし、その技術の力にわれわれは頭をさげなければならない。

イギリスに駐屯していたアメリカの第八空軍所属のＰ51Ｄが、落下増槽をつけて、四二五海里はなれたキール軍港まで爆撃機を掩護して往復作戦をしたのが、一九四三年十二月のことであった。

増槽をつけたP51D。長大な航続力で護衛任務に活躍した。

片道四七五海里のベルリン空襲の爆撃機掩護にはじめて出撃したのは、一九四四年三月であった。

そのやりかたは、落下増槽の燃料で往路を飛び、目的地上空で大体カラになった増槽を捨て、空戦および帰路を機内燃料でまかなうという、零戦のやりかたとまったく同じであった。

四〇〇～五〇〇〇海里を長駆したうえ、そこの上空で待機している敵戦闘機と互角にわたりあえる単発単座戦闘機の出現は、連合軍の昼間奥地爆撃を可能ならしめ、ドイツの防空に重大、かつ新たな脅威をくわえたことで、重大な意義を持っている。

そのうえ、戦闘機の作戦上のレコードを樹立したものであると、一九五七年に出版されたウィリアム・グリーン著『第二次大戦の名戦闘機』に書かれている。

しかし、極東ではこれより三年以上もまえから同様な作戦が、日本の零戦によって日常のごとく行なわれていた。すなわち、この性能と作戦こそは、われわれが世界に誇ってよいことなのである。

また、抵抗の少ない流線型の落下増槽で往路をまかなうという構想も、昭和十三年（一九三八年）、九六式艦戦をつかって実験し、零戦で実際に戦力化したもので、われわれが世界に先がけて歩んだことであった。

またグリーンの本では、P51の対日作戦参加は、一九四三年はじめと書かれているが、黒江保彦氏の論によると、一九四三年の晩秋のころとなっている。

第二次大戦も山の見えはじめた一九四四年の秋ごろ、しだいに重くなっていった本機の軽量化、抵抗減少の策を徹底的に実行し、自重で一トンちかい削減に成功した。

それにしても、自重で一トンちかい削減に成功したとは、ちょっと常識では考えられない。それまでに放漫な改修による重量増加があったにしても、この機体で一トン近いとは察しがつきかねる。

ともかく、これにマーリンの驚異的性能向上をおこなったパッカードV－1650－9または11型を装備したP51Hは、その年の暮れから生産にはいり、終戦までに五五〇機ほどつくられ、日本の空にも襲来したといわれる。

この型はマスタングの最後型で、性能も最優秀であった。戦後は生産をうち切られたが、D型とともに朝鮮戦争に、戦闘爆撃機として名機の歴史の最後を飾った。

世界の名戦艦列伝

第2章

1

木村信一郎
石橋　孝夫

■列強を震撼させた獅子吼
圧倒的なボリュームと迫力で海上に君臨した王者

キング・ジョージ五世型（イギリス）

キング・ジョージ五世型は、イギリス海軍が、軍縮条約の期限明けを期して起工した新戦艦で、同型艦五隻が計画された。

ほとんど同時に建造された、アメリカのノース・カロライナ型やその後のサウス・ダコタ型、イタリアのヴィットリオ・ベネト型とおなじく、いわゆる三万五〇〇〇トン級といわれているもののひとつだ。

設計が条約有効期間内におこなわれたので、条約の制限排水量であった三万五〇〇〇トンいっぱいの大きさで計画されている。

このクラスの特色は、もちろん対戦艦戦闘にあるが、イギリス海軍艦艇の共通の特長として、長期間にわたった遠洋を行動するための装備と構造をもっていた。高い乾舷や偵察機の格納法などがそれである。

また、主砲は三六センチ砲で、条約後の各国の新戦艦のなかでは、もっとも小さいものであった。これはロンドン条約当時からすでに設計がおこなわれていたことと、この新式三六センチ砲なら、当時、各国で就役中、または建造中の戦艦の装甲は、いちおう破り得るという確信のもとに決定されたものであった。

さらに注目すべきは、その装備方法であった。一〇門のうち八門を四連砲塔におさめ、二門を一個砲塔にして、前部に四連装と二連装各一基、後部に四連装一基という、バランスのとれた配置を採用している。

副砲は高角砲兼用の五・二五インチ(一三・三センチ)で、片舷各四基をピラミッド型に配置して、前後部にも多くの門数を指向できるようにした。副砲と高角砲を単一のものにしたことは、アメリカのノース・カロライナ型とともに、他の新戦艦に一歩先んじた英断であった。

また防御方法も、いままでのものと異なり、バルジも傾斜甲

キング・ジョージ五世

鈑ももたないシンプルなもので、主要部の舷側には、三五五ミリの装甲をほどこし、水平部は一二五ミリの装甲をもっていた。

砲塔部は、バーベットと前面が四〇六ミリ、天蓋部が二三〇ミリであった。

艦橋建造物は、箱型の容積の大きなもので、このほか艦上の一般配置は、レナウンやクイーン・エリザベス、バリアント、ウォースパイトなどの改装のさいに採用されて、実績をつんだものであったが、竣工時からこれを採用したのは、キング・ジョージ五世型が最初であった。

機関は、パーソンズ式タービン四基、アドミラリティ・ボイラー八基で、一一万二〇〇〇馬力、速力二八ノットということであったが、実際は一二万五〇〇〇馬力で、二九ノット以上を発揮する計画であった。

このクラスの設計は、さきに述べたように条約期間中におこなわれ、起工に満を持していたので、工事の開始も、期限明けの一九三七年（昭和十二年）にはいるとともにはじめられ、キング・ジョージ五世とプリンス・オブ・ウェールズが一月一日に開始されるという、文字どおりの無条約時代の戦艦の第一陣となった。

ハウ

またデューク・オブ・ヨーク、アンソン、ハウの各艦も、すべて同年の七月までに起工された。

一、二番艦のキング・ジョージ五世とプリンス・オブ・ウェールズは、竣工当時から、ドイツ戦艦ビスマルクにそなえて本国艦隊にあり、キング・ジョージ五世はその旗艦であった。

一九四一年五月、ビスマルクの大西洋出撃の報に、これを邀撃するために出撃し、両艦はフッドとともにこれを追跡した。

プリンス・オブ・ウェールズは、デンマーク海峡でビスマルクと砲火をまじえ、損傷をうけて避退した。

キング・ジョージ五世は、こののち、雷撃機の魚雷によって航行不能になっていたビスマルクを砲撃して、これを撃沈する一翼をになった。

この年の十二月には、プリンス・オブ・ウェールズは風雲急を告げる極東へ派遣されたが、十二月十日、日本との開戦三日目に、マレー沖で日本海軍航空隊によって、レパルスとともに撃沈されてしまった。

キング・ジョージ五世は、のちにH部隊（ジブラルタル）に移り、かわって新たに竣工したデューク・オブ・ヨークが本国艦隊に編入された。

このデューク・オブ・ヨークは、終戦まで一貫して本国艦隊にあり、一九四三年十二月、北海において、対ソ輸送船団を護衛中、おそってきたドイツ戦艦シャルンホルストと霧のなかで交戦し、これを撃沈した。

一方、キング・ジョージ五世は、一九四四年には本国艦隊にもどったが、終戦時には太平洋艦隊にあった。また一九四二年に竣工したアンソンとハウは、ハウが一時、H部隊へ移されたが、それ以外は本国艦隊に所属し、一九四四年にハウが東洋艦隊に、アンソンが一九四五年に太平洋艦隊に編入されて、終戦を迎えた。

このように、このクラスの各艦は、地味ではあったが、大戦中はよく活躍した。しかし大戦前半、イギリス海軍が戦艦の配備にかなり苦しめられたのは、ビスマルクにたいして、戦力的にやや劣ったことが大きな原因であったといえる。

バンガード（イギリス）

バンガードは、伝統あるイギリス海軍の最後の戦艦だが、建造された経緯は、一般の他の戦艦とはかなり異なった、かわった事情によっている。

イギリス海軍は、ドイツのビスマルク型に対抗するには、当時、建造中のキング・ジョージ五世型では充分ではないために、四〇センチ砲を搭載したライオン型を起工した。

しかし、大戦の勃発により、他の急造艦や修理などに人員や資材をとられて、一九四〇年に建造を中止した。

これにかわって考えられたのが、長いあいだ予備砲塔としてストックされていた、第一次大戦当時の軽巡洋戦艦カレージアスとグローリアスの四二口径三八センチ砲塔四基を搭載する戦艦を、急速建造することであった。

このように、バンガードは、砲塔があったから生まれたもので、スペア砲塔の数から一隻だけ建造されるという、きわめて変則的な建造事情をもっている。

建造にあたっては、以前のままの砲塔ではいかにも旧式なので、砲架を改造して仰角を上げたり、砲塔の装甲も強化された。

また船体はキング・ジョージ五世型の拡大改良型ともいうべきもので、艦首のシアーと、フレアーを大きくして、航洋性を増している。

そのほか、防御方式、高角砲や一般配置もだいたいおなじであるが、舷側装甲は四〇六ミリに強化されている。

バンガード

そして、前級以来の箱型の艦橋構造物は、さらに大型化され、航空装備が廃止されたため、前後の煙突のあいだにもシェルターデッキがのびて、両舷は短艇用スペースとなっている。

また、対空火器、レーダー、指揮装置、ダメージ・コントロール・システムなどは、イギリス最後の戦艦にふさわしい、充実した内容をもっている。

機関出力は一三万馬力、速力二九・五ノットであった。

排水量は基準で四万四五〇〇トンとなり、それまで最大の軍艦であった巡洋戦艦フッドの四万二一〇〇トンをしのいだ。また同時に、フッドにあたえられていた、もっとも見ばえのする軍艦というペナントをも引きついでいる。

しかし何といっても、艦としての能力の高さにくらべて、主砲の戦力はアンバランスで、ここに、この艦にたいする批判のすべてが集まっているといってよい。

主砲である四二口径三八センチ砲は、一九一五年に竣工したクイーン・エリザベス型がはじめて搭載して以来、R級戦艦やレパルス型、フッドなどの巡洋戦艦が装備した砲であった。第一次大戦当時、まだ測的を人間の目にたよっていたころに、ミストのおおい北海で使用するため、威力は大きいが、射程はあまり長くないという条件下に開発されたものである。

そのため、たとえ仰角を上げて射程の延伸をはかったり、発射速度を上げても、ビスマルクやヴィットリオ・ベネトが装備した、新式五〇口径三八センチ砲にはおよぶべくもないものだった。

四万四五〇〇トンの新式戦艦の主砲としては、あまりにも不釣り合いで大いに惜しまれるところである。

バンガードの起工は、一九四一年十月二日であり、一九四四年十一月三十日に進水した。しかし竣工は工事をいそいだかいもなく、戦後の一九四六年四月二十五日であった。

戦後は、さきにも述べたように、イギリスのもっとも見ばえのする軍艦として、女王のお召艦などにつかわれていたが、一九五六年に予備艦に編入され、一九六〇年に除籍解体された。

ドイッチュラント型（ドイツ）

第一次大戦にやぶれたドイツは戦後、ベルサイユ条約により苛酷な軍備制限をうけた。このため、かつてはイギリスにつぐ大海軍をもっていたドイツも、旧式艦を中心とした貧弱な海軍に没落してしまい、昔の面影はまったく見られなかった。

ドイッチュラント

ドイツ海軍が戦後に保有を認められた戦艦は、一九〇八年に竣工したドイッチュラント型などの、ド級艦以前の艦で、日本の「香取」型に相当する旧式艦ばかりだった。これでは、多少の改装をほどこしたところで、とても第一線で使用できるような代物ではなかった。

しかし、条約の条項で艦齢二〇年に達した場合には、代艦を建造することが許されており、基準排水量で一万トン、主砲口径は二八センチをこえてはならない、という制限がつけられていた。

この条項にもとづき、艦齢に達したエルザスの代艦として建造されたのが、のちにポケット戦艦として有名になったドイッチュラントであった。

本艦は一九三一年に進水、一九三三年に竣工したが、それに先立ってその全貌が発表されるや、いちやく世界中の注目をあつめた。それは、本艦があまりにもそれまでの常識をうち破った、斬新な型の軍艦として登場してきたからで、すくなくとも、苛酷な建造制限を課していた国々にとっては、まったく想像もつかない艦であった。

本艦は基準排水量一万トン、全長一八五・六メートル、全幅二〇・五メートル、吃水六・五メートル、兵装二八センチ三連装砲三基、一五センチ単装砲八基、八・四センチ高角砲三基、五三・三センチ四連装発射管二基、速力二六ノットと、平凡そうな数字がならんでいるが、よく検討してみると、そこにはおそるべき性能がひそんでいるのである。

本艦を非凡なものにした最大の要素は、まずなんといってもその運動性にある。主機にディーゼルを採用して重量軽減をはかるとともに、二六ノットという高速をだすことができた。そして、一九ノットで一万九〇〇〇海里という、ふつうのこの艦種とくらべ、約三倍もの長大な航続力を得られたのである。

この運動性能と、二八センチ砲という本艦の主砲が組みあわされて、ここにおそるべき性能が生じたのであった。

具体的にこれがなにを意味したかというと、本艦にすべての面で優位に立てる艦は、わずかに英海軍の巡洋戦艦フッド、レナウン、レパルスの三隻があるのみで、他の戦艦はすべて速力の点でおとり、重巡にいたっては、砲力でも対抗できないという危険な状況をつくりだしたのである。

もちろん、ドイツ海軍がこのような性能を制限排水量内で盛りこむには、多くの努力と高度の技術を要したことはいうまで

アドミラル・グラフ・シュペー

もない。とくに重量軽減には大きな苦心がはらわれており、主機の大出力ディーゼルにしても、十分な技術的な実績があってのことで、けっして短期的になしとげたことではない。

俗に本艦は〝ポケット戦艦〟と呼ばれているが、実際にはドイツが正式に呼称していたように、装甲艦と呼ぶのがふさわしかった。

ワシントン、ロンドンの軍縮条約により、列強各国がみずから戦艦と重巡とのあいだに大きなギャップをつくりだしたところに、かつての装甲巡洋艦に相当する本艦が出現したことに問題があるのであった。

しかし、本艦もその二八センチ砲に対応できるだけの防御力はそなえておらず、ほぼ重巡なみのものでしかなかった。

所詮は、艦隊作戦用よりは、その長大な航続力を利用した通商破壊戦用に最適なものであり、ドイツ海軍も、そのあたりは十分に考慮していたようである。

のちに、ほぼ同型のアドミラル・グラフ・シュペー、アドミラル・シアーの二隻が建造され、大戦中はいずれも数度の通商破壊戦に従事したが、あまり予期した効果はなかった。

また、フランス海軍がダンケルク型戦艦を新造したのも、本艦の出現に影響されたところがきわめて大きかった。

ビスマルク型（ドイツ）

一九三三年、ポケット戦艦ドイッチュラントを世に送って注目をあびたドイツ海軍は、ナチスの台頭とともに一九三五年、ベルサイユ条約の放棄を宣言し、公然と再軍備計画に着手して、海軍力も増強をいちだんとおしすすめた。イギリスとのあいだに英独海軍協定を結び、英海軍勢力の三五パーセントまでの保有を認めさせた。

そしてその間に、先のポケット戦艦についでシャルンホルスト、グナイゼナウの中型戦艦を建造、さらに一九三〇年代の後半、列強各国がいわゆる三万五〇〇〇トン新型戦艦の建造に着手するにおよんで、ドイツもここにビスマルク、ティルピッツの二艦を起工し、その建造にのりだした。

一九三九年二月十四日、ヨーロッパの雲ゆきがあやしくなってきたころ、ハンブルクのブローム・ウント・フォス造船所で進水をおえた一番艦ビスマルクは、イギリスにとって薄気味の悪い存在であった。

当時の列強が建造に着手していた新戦艦は、一部の例外をの

ビスマルク

ぞいて、三万五〇〇〇トン型と公称されていたが、実質的にはイギリスのキング・ジョージ五世型が三万六七五〇トン、フランスのリシュリュー型が三万八五〇〇トン、イタリアのリットリオ型が三万八四二七トンというように、いくぶん基準排水量をオーバーしていたのが実状であった。

なかでもビスマルクは、基準排水量で四万一七〇〇トン、満載で五万九〇〇〇トンにもたっする大艦で、のちに「大和」型、アイオワ型が出現するまでは、まさに世界最大の戦艦といってよかった。

しかも、単に巨艦であるだけではなく、戦艦の建造では長い歴史をもち、独特の堅艦を生みだしてきたドイツだけに、本艦もその例にもれず、おそるべき性能を秘めていたのである。

ビスマルク型は、だいたいにおいて先のシャルンホルスト型の艦型を踏襲しており、全長二五一メートル、全幅三六メートルの長大な船体は、比較的に軽いシアーをもつ水平甲板型で、中央部に塔状艦橋構造、大きなキャップのついた巨大な単煙突、棒状後檣などが接近して上構を形成している。

その前後に三八センチ連装砲二基ずつを配する、ある意味ではひじょうにオーソドックスではあるが、ドイツ艦特有の重厚さのあふれた艦姿をほこっている。

一般的にドイツ戦艦は、伝統的に攻撃力より防御力を重視する傾向にある。第一次大戦でその実績をしめしたように、比較的に小口径の主砲を採用しながらも、すぐれた射撃術と強力な防御力により、しばしば相手を打ち破ってきていた。

本艦も、艦型からは四〇センチ砲を採用して適当であったのにたいし、あえて三八センチ砲を採用、しかも連装四基を前後にわけるというスタンダードな配置にしていることは、注意すべきことである。

副砲としては、一五センチ連装砲六基を両舷の上甲板にそなえ、一段高い高角砲甲板に一〇・五センチ連装高角砲八基を両舷にわけて配置している。

一般的に副砲と高角砲を独立して装備したのは、日仏伊などの艦とおなじで、水上砲戦を重視した証拠といえる。

しかし、その先見の明のなさを非難することは問題であり、とくに英独のような戦術環境にあっては、一理あるものともいえよう。

そのほか、主機は出力一三万八〇〇〇馬力を発揮、速力二九ノット、ドイツ艦独特の三軸構造を採用している。

アイオワ

先にもふれたように、直接防御はそれほどではないが、巧妙な間接防御の組み合わせにより、のちにイギリス海軍との戦いで見せたように、ひじょうにすぐれたものになっていた。

ビスマルクは建造中より、当時、イギリスが建造していた、キング・ジョージ五世型よりも強力な戦艦であることは、イギリス海軍もうすうす察知していたようすで、その対策には苦慮していたらしい。

その恐れは、一九四一年五月、ビスマルクが大西洋に出撃したさいに、事実としてあらわれた。

このビスマルクの有名な、最初にして最後のエピソードについてはいまさら述べるまでもないが、第二次大戦に参加した多くの戦艦中、もっとも戦艦らしい戦艦を選ぶとすれば、本艦の右にでるものはないといってよいであろう。

アイオワ型（アメリカ）

アイオワ型はいうまでもなく、アメリカ海軍最後の戦艦である。その一艦のニュージャージーが、ベトナム戦争に参加していたことはよく知られていよう。

アイオワ型は両洋艦隊案という、ぜいたくにして、雄大な構想を立てたアメリカが、三万五〇〇〇トン型のノース・カロライナおよびインディアナ型につづいて計画した新戦艦で、一九三九～四〇年に六隻が発注された。

各艦とも一九四〇～四二年に起工され、大戦の勃発とともに工事も急速にすすみ、戦艦としては異例の短期間、三年弱で完成させ、戦線に送りだした。

実際は六隻のうち、一九四三年にアイオワとニュージャージー、一九四四年にミズーリとウィスコンシンが就役し、のこり二隻のうち、イリノイは起工後にキャンセル、ケンタッキーは終戦時にかなり工程がすすんでいたが、工事を中断し、のちに解体された。

このようにアイオワ型は時期的には日本の「信濃」型、イギリスのライオン型、バンガード、ドイツのH型などに対応する戦艦である。これらのうち実際に完成したのはバンガードしかなく、それも戦後の完成でありけっきょく、大戦に登場した最後の新戦艦といってよかった。

アイオワ型は、基準排水量四万五〇〇〇トン、満載五万八〇〇〇トンにたっする巨艦で、これは日本の「大和」型につぐ大きさである。また全長は二七〇メートルもあり、これは「大

ウィスコンシン

和」をもしのいでおり、戦艦としては最長のもの。

　また、全幅は三二・八メートル、吃水一一・三メートルで、全幅はパナマ運河を通行するために制約されていることを忘れてはならない。

　艦型は巡洋艦を思わせるスマートさで、シアーの大きい水平甲板型の船体に、先の三万五〇〇〇トン型戦艦と基本的にはおなじ兵装を装備したものである。排水量の増加は、主に機関出力の向上にむけられたものといえよう。

　ここに本型の最大の特色があるといってもよく、機関主力はじつに二一万二〇〇〇馬力にたっし、速力三三ノットを発揮する。これはもちろん、過去のあらゆる戦艦、または巡洋戦艦をしのぐ高速で、高速戦艦の極致といえるものである。

　兵装は四〇センチ砲三連装三基を前部に二基、後部に一基配し、砲そのものはそれまでの四五口径砲から五〇口径砲にかわっている。射程も最大三万七〇〇〇メートルである。

　また、副砲としては両用砲の一二・七センチ連装砲一〇基を両舷に配置、さらに対空機銃として四〇ミリ、二〇ミリ機銃多数を装備していた。これらは、それぞれ優秀な射撃指揮装置の装備とあいまって、きわめて有力な火砲を形成している。艦尾にはカタパルト二基をもち、搭載機は四機ほどを装備する。

以上の攻撃力、運動力にたいして、防御力も三万五〇〇〇トン型を上まわるもので、直接防御をみても、舷側水線四〇六～四八三ミリ、主砲塔前面四五七ミリ、甲板二五四ミリといわれており、ひじょうに厳重な防御であった。

いずれにしろ、このアイオワ型は本来の建造企図からすれば、日独の新戦艦と対抗することを予期して建造されたと思われるが、幸か不幸か「大和」型と対戦するチャンスはなかった。

アメリカではこの次に計画していたモンタナ型（基準排水量五万八〇〇〇トン）でも、主砲として四〇センチ砲の採用を予定しており、「大和」型が四六センチの巨砲を搭載していた事実は、戦後になってはじめて知ったもようであった。

したがって、戦艦としては、たしかに「大和」型にくらべると一段おとったものではあった。しかし、その高速性と優勢な火力は、空母部隊の直衛としてはきわめて有力なものであった。

いずれにしろ、このようにぜいたくな巨艦を、大戦中に四隻も建造できたのはアメリカならではのことで、他国にはまねのできないことである。

ヴィットリオ・ベネト

ヴィットリオ・ベネト型（イタリア）

ヴィットリオ・ベネト型戦艦は、イタリア海軍が条約期限明け後に、はじめて建造した戦艦で、第一艦ヴィットリオ・ベネトの竣工が、他国の新戦艦のなかで最初であったためもあって、ひじょうに注目された。

イタリア海軍は、ネーバルホリデイの間は、コンテ・ディ・カブール型二隻と、アンドレア・ドリア型二隻のド級戦艦をもつだけで、これらの艦は主砲の口径までかえるという、各国海軍中でもっとも徹底した大改装をおこなって、かなり近代化されていた。

しかし、イギリスの地中海艦隊にあるクイーン・エリザベス型戦艦には太刀打ちできなかった。

したがって、条約明け後の新戦艦は、このクイーン・エリザベス型と、ドイツのシャルンホルスト型、フランスのダンケルク型を圧倒する性能をもつことであり、それを基準排水量三万五〇〇〇トンのなかに盛りこむことであった。

このため、主砲は五〇口径三八センチ砲が採用され、そのほか防御方式や装備品の配置、構造などは、カブール型の改装の成果をじゅうぶんとり入れて設計された。

最初の計画では同型四隻で、ヴィットリオ・ベネトのほかにリットリオ（最初はイタリアと命名）、ローマ、インペロが起工されたが、竣工したのはローマまでで、インペロは進水後にイタリアが停戦したために工事が中止され、終戦後に解体された。

このクラスの主砲は、イギリスの四二口径三八センチ砲より強力で、これを三連装砲塔三基におさめ、前部に二基、後部に一基という堅実な配置をとっている。

X砲塔のバーベットは、推進軸の関係からかなり高く、そのうしろの上甲板が一段低くなっているため、かなり奇異な外観となり、これが特色ともなっている。

また副砲は一五センチで、これを三連装砲塔におさめ、両舷各二基を配している。高角砲は九センチ一二門、単装で両舷の中央部のシェルターデッキのレベルに一列におかれた。

防御力は、軽装甲といわれたイタリアの艦のなかではかなり強力で、水線にはバルジを装着している。

また艦橋構造物も特異なもので、円筒の支柱のまわりに諸装置をつけ、防御面でもかなり強力な構造となっている。

艦尾の甲板が一段低められたのは、X砲塔などがかなり高い位置におかれているため、重心点の上昇をふせぐ目的でおこな

リットリオ

われたようである。

そして、ここにカタパルトが装備されて、航空用スペースとされた。このうちローマは艦首のシアーが、凌波性をよくするために他の二艦にくらべて大きく、艦首の乾舷は高くなっている。

一方、機関はパーソンズ・タービンを搭載して一三万馬力、最大速力三〇ノットという性能であった。しかし排水量はすこしふえ、ヴィットリオ・ベネトで三万八二一六トン、リットリオが三万八四二七トン、ローマが四万一六五〇トンと、後になるにしたがって増加している。

ヴィットリオ・ベネトとリットリオが竣工してまもなく、イタリアは第二次大戦に参戦し、地中海でイギリス海軍と対峙した。

キング・ジョージ五世型をビスマルクにそなえて本国艦隊にしばりつけられていたイギリスとしては、旧式で性能のおとるクイーン・エリザベス型戦艦で対抗せざるを得なかった。

しかし、実際にはイタリア海軍はあまり活発な行動をとらなかったため、ヴィットリオ・ベネトが一九四一年三月のマタパン沖海戦に参加したのが目立つくらいだった。

このときも、航空魚雷で損傷したこともあって、英戦艦のバリアントやウォースパイトとは砲火をまじえず避退してしまった。

けっきょく、ヴィットリオ・ベネトとリットリオは、イタリアの停戦まで残存し、のちに解体された。

また三番艦ローマは、一九四三年九月、サルディニア島に停泊中、ドイツのミサイルＨｓ293の直撃をうけて沈没した。

このように注目されて竣工したヴィットリオ・ベネト型戦艦ではあったが、実戦の成果はじゅうぶんなものではなかった。

しかし、このクラスのもつ個艦の威力は、造船官ウンベルト・プリエゼの独創的な設計により、各国の三万五〇〇〇トン級戦艦のなかにあって、大いに偉とするものであり、もちろん、イタリアが保有した最良の主力艦であったといえる。

「大和」型（日本）

昭和九年、軍縮条約の期限が明けたのちに、あらためてこれを延長しない腹をきめた日本海軍は、一五年間の沈黙をやぶって、新戦艦の建造を計画した。

この戦艦は、その建造を休止している間における技術、用兵

「大和」

の変化と発達をあますところなくとりいれ、また当時、海に浮かんでいた、いかなる戦艦よりも強力なことはもちろん、条約明け後に各国が建造すると予想される新戦艦をも破り得るものでなければならなかった。

このためにはまず、いままでのものをしのぐ巨砲を搭載することであり、また防御をはじめとする諸装備、性能もじゅうぶんなものでなければならない。

したがって、この戦艦については、いやしくも当時の日本の造船、造機、造兵技術の最高水準のものが投入され、その時期において作り得るベストのものを生み出す意欲のもとに、計画がはじめられたのである。

まず昭和九年十月、軍令部より艦政本部へ最初の原案がしめされた。それには、主砲四六センチ砲八門以上、速力三〇ノット以上で、防御は主要部を四六センチ砲弾から守り得るというものであった。

したがって、この新戦艦は火力、速力、防御力などからみて、空前の巨艦となることが予想された。

しかし、その反面、設計する側からいえば、船型がむやみに大きくなることは、防御重量が増し、所定の速力を得るためには、さらに大出力の機関を必要とし、それがさらに重量を増すといった悪循環を招くので、できるだけ小さな船体に、要求された能力をまとめなければならなかった。

また船型の小型化は、艦の操作、ドックや岸壁の施設、建造費、維持費、標的面積などの面からも、ぜひとも必要なことであった。

この結果、公試排水量六万五二〇〇トン、主砲は三連装砲塔三基九門、副砲は一五・五センチ砲一二門で、これは重巡に改装されて陸揚げする予定になっている、「最上」型の砲塔を搭載することになっていた。

高角砲は一二・七センチ一二門で、防御は集中防御法をとりいれて、A、X砲塔間の主要部に完全防御をほどこし、他の部分は、水密区画を細分する方法をとった。主要部の装甲は舷側四一〇ミリ、水平部二〇〇ミリ、砲塔の前面は六五〇ミリであった。

速力は、要求は三〇ノットであったが、そのためには二〇万馬力が必要で、さらに重量が増すことになるので、けっきょく一三万五〇〇〇馬力、二七ノットでおちついた。

この馬力を発生する機関は、タービンとディーゼルの併用が

「大和」

予定されていた。

しかし、当時、まだ大型艦用ディーゼルの信頼性が低く、タービンのみの搭載に変更された。

このため、着工直前に計画がかわり、いくぶん排水量が増して、公試六万八二〇〇トン、馬力を一五万に上げて、二七ノットを確保した。

これらの経緯ののちに、昭和十二年十一月四日、呉工廠において一番艦「大和」が起工され、二番艦「武蔵」が十三年三月二十九日に三菱長崎で、三番艦「信濃」と四番艦の一一一号艦（艦名は進水式で命名されるので、そのまえに工事が中止されたこの艦には艦名がない）が、十五年の五月と十一月に横須賀と呉で起工された。

「大和」と「武蔵」の進水は、それぞれ昭和十五年の八月と十一月におこなわれたが、とくに「武蔵」は巨大な船体を船台から進水させるために、多くの苦心がはらわれた。

こうして一番艦「大和」は、昭和十六年十二月十六日に竣工し、「長門」にかわって連合艦隊旗艦となった。

そして十七年六月、自ら全艦隊をひきいてミッドウェー作戦に参加したが、この初陣も航空戦に終始して、航空部隊の敗北とともに内地に帰還した。

この敗戦の結果、建造中であった「信濃」は、空母として完成させることに計画が変更され、昭和十九年十一月十九日に竣工した。

しかし、横須賀から瀬戸内への回航の途中で、米潜水艦によって撃沈されてしまった。

二番艦「武蔵」は、司令部施設と副砲の防御にいくぶんの改正をほどこして、十七年八月五日にひき渡され、まもなく「大和」にかわって連合艦隊旗艦となった。

「大和」「武蔵」の二艦はその後、ガダルカナル方面の戦局の緊迫化にそなえて、トラック島に進出し、南方作戦の用兵旗艦として長く同島に在泊していた。

やがて最後の決戦にそなえてリンガ泊地からブルネイ湾に進出した両艦は、十月の捷号作戦に、他の有力水上艦をひきいて参加したが、十月二十四日、「武蔵」はシブヤン海において米艦上機の大群に攻撃されて落伍し、ついに沈没した。じつに命中魚雷二〇本、爆弾一七発と多数の至近弾をうけている。

「大和」はこの作戦を生きのびて内地に帰還したが、翌二十年四月、沖縄への片道特攻出撃をおこない、九州南方において、

リシュリュー

これも米艦上機の波状攻撃により魚雷一二本、爆弾七発以上をうけて、ついに転覆沈没した。

このように、「大和」「武蔵」の本来の力は発揮されることなくおわったが、その目的が戦争の道具であったことは別として、偉大な文化的創造物として、今日でも日本人の心の糧として生きつづけている。

リシュリュー型（フランス）

第一次大戦後のフランス海軍の戦艦は、イタリア海軍などとおなじく、大戦前から大戦中に完成した数隻のド級艦を中心勢力とした、きわめて旧式なものでしかなかった。

そのため、日英米などの列強にくらべて、一段と劣った存在であった。

しかし、軍縮条約下にいちはやく新戦艦の建造に着手しており、一九三一～三三年計画によりダンケルク型二隻の新造がおこなわれた。つづいて、一九三五年計画でリシュリュー型が建造された。

リシュリューは一九三五年十月にブレストで起工、一九三九年一月に進水した。このさい、本艦の全長があまりに長かったため、艦首部のみは別に建造されて、進水後に結びあわされることとなった。

一九四〇年七月にいちおう完成したことになっているが、実際はドイツ軍の急速な侵攻により、一部の工事が未了のまま、あわてて本国を脱出したのが実状であった。

基準排水量三万八五〇〇トン、満載で四万八五〇〇トンにたっしたが、これは列強の公称三万五〇〇〇トン型のなかでは、公称排水量を大きく超過したドイツのビスマルク型をのぞいては、もっとも大型で、全長二四八メートル、全幅三三メートル、吃水九メートルであった。

本艦の艦型は、他の列強の戦艦とはまったく異なっており、ダンケルク型に準じたフランス独特の形態をもっていた。

その最大の特色は、まず主砲の配置にある。主砲の三八センチ五〇口径砲は、すべて四連装砲塔二基におさめられ、しかも前部に集中配置されている。それにつづいて艦橋構造物、煙突と配置されている。とくにこの煙突は、後部に屈折し、上部に後部艦橋構造をもうけた特異なものであった。

後部には副砲の一五センチ砲三連装五基、中央部の両舷に一〇センチ高角砲連装六基が配置され、さらに艦尾には、カタパ

ダンケルク

ルト二基と格納庫をもうけている。

ただし、本艦が本国を脱出したときには、副砲は三基のみしか装備されておらず、けっきょく後になっても増設されることなく、最後までそのままとされたので、五基装備は計画だけにおわった。

いずれにしろ、副砲と高角砲をおのおのそなえたことは、ドイツ、イタリアの場合とおなじで、英米のように両用砲で統一できなかったことは、惜しいことであった。

速力は三〇ノット、機関はタービンで出力一五万馬力をだしたが、これまた他艦にくらべて最高の出力であった。

防御は、本艦の設計面でもっともウエイトのおかれた点で、この特異な兵装配置も、すべて防御面より考えだされたものであった。装甲甲鈑は水線部二二九～四〇六ミリ、甲板二〇三ミリ、主砲塔三三〇～四三二ミリ、副砲塔一二七ミリ、司令塔三二〇ミリで、きわめて厚いものであった。

本艦は本国を脱出したのち、アフリカのダガールに逃れ、まもなく連合国軍の攻撃をうけて損傷したが、一九四三年一月に連合国側に参加した。

ニューヨークで修理と対空機銃の装備をすませたのちに参戦、

大戦末期には極東方面に派遣され、対日戦にもくわわっている。

同型のジャン・バールは、ドイツの侵入時、まだ艤装中で兵装はほとんど装備されておらず、機関も二軸しかない状態でありながら、かろうじて脱出に成功した。

本艦は戦後、工事を再開し、一九四九年に起工以来、一〇年ぶりに完成することができた。

世界の潜水艦ベスト9

第2章

2

雑誌「丸」編集部

■性能と戦果による殊勲艦

通商破壊戦にかけた欧米と艦隊決戦にかけた日本

伊15型（日本）

昭和十二年にたてられた③計画では、戦艦「大和」、空母「翔鶴」などの主力艦の建造が計画されたが、そのほか潜水艦も巡潜型一三隻がふくまれていた。

これは日本海軍が長いあいだ、艦隊決戦のため、潜水艦にかけていた夢を実現させたというべきもので、甲型、乙型および丙型の三種からなっていた。

日本海軍はこれらの新しい潜水艦に、巡潜型の大航続力と、海大型の水上高速を兼ねそなえさせ、甲型は旗艦施設をもって偵察機も搭載、乙型は旗艦施設はないが、偵察機をもち、丙型は旗艦施設、偵察機とも持たないが、魚雷兵装を強化した。

乙型と丙型で組み合わせた三隻をもって一潜水隊として、三隊をもって一潜水戦隊を編成し、これに旗艦として、甲型を配置するという、強力な構想であった。

このうち乙型は、まず③計画で伊15以下六隻が建造され、いずれも開戦前に完成した。

本型の要目は排水量・水上（基準）二一九八トン、水中三六五四トン、全長一〇八・七メートル、幅九・三メートル、吃水五・一四メートル。

出力は水上一万二四〇〇馬力、水中二〇〇〇馬力、速力は水上二三・六ノット、水中八ノット、兵装は五三・三センチ魚雷発射管六基（艦首のみ）、一四センチ砲一基、二五ミリ連装機銃九基、水偵一機、航続力一六ノットで一万四〇〇〇海里、乗員一〇〇名であった。

艦型、速力、兵装、偵察力のどれをとっても、当時の他国の艦隊型潜水艦を数段ぬきんでた性能を誇っていた。

本型は巡潜のなかでも、もっとも多く建造されており、昭和十四年の第四次補充計画④計画で一四隻（伊26〜39）、昭和十六年の戦時計画で六隻（伊40〜45）、さらにおなじく追加計画

伊15

で、主機の不足による水上速力の低下をしのんで改型の伊54型三隻（伊54、56、58）が建造された。

ただし追加計画の四隻と、昭和十七年の⑤計画の一四隻は、いずれも建造が中止され、着工されなかった。

この乙型も、本来の目的通りにつかわれていれば、あるていど予測した効果をあげ得たであろうが、戦局の変化はどうしようもなく、その高性能をもてあましぎみだった。

しかし、各方面に奮戦し、日本潜水艦のなかでもっとも戦果をあげている。

日本潜水艦があげた戦果のトップは、この乙型に属する伊27があげた一五隻、八万四二二七トンといわれている。

そのほか、九隻、五万九一一二トンを撃沈した伊21、一〇隻、五万八九五〇トン、それに軽巡ジュノーを撃沈した伊26、六隻、四万五一一八トンの伊25、七隻、四万五〇二四トンの伊29、六隻、三万九八六四トンの伊37などがある。

さらには、米空母ワスプをしとめた、殊勲艦の伊19もある。

しかし、その喪失率も高く、同型二九隻のうち、終戦時に残存していたのは伊36と伊58のわずか二隻のみであった。

昭和十九年後半になると、本型の残存艦は備砲、搭載機などを撤去して、特攻兵器の回天を搭載して作戦に従事した。

なかでも終戦まぢかに伊58が、米重巡インディアナポリスを雷撃でしとめたのは、日本潜水艦作戦の最後をかざるものとして有名である。

いずれにしろ、本型の長大な航続力、水上高速、航空偵察力の特色をいかして、緒戦の対潜力の手うすな時期に、徹底した通商破壊戦をおこなっていれば、そうとうの戦果をあげ得たはずである。

それを、中途半端な艦隊作戦に投入したため、つぎつぎと撃沈され、その特色を発揮する機会がなかったことは残念であった。

呂35型（日本）
日本海軍では、潜水艦を艦隊作戦用に考えていたため、昭和期にはいってからは、大型の巡潜型や海大型の建造が優先し、中型の潜水艦は、昭和八〜九年に、戦時急造の試作艦として建造された海中六型の呂33〜34の二隻が最初であった。
この型は基準排水量七〇〇トン、発射管四（艦首）、速力・水上一九ノット、水中八ノットで、完成後の実績はきわめてす

呂46

ばらしく、すべての点で満足すべき性能を発揮した。

とくに荒天時の航洋性は、大型艦をしのぐものがあり、水上、水中の運動性も優秀であった。

昭和十五年の追加計画では、呂33型の優秀な性能をいかして、呂35型九隻の建造が計画され、いずれも昭和十八年に完成した。

本型は、呂33型の改良型としてあらたに設計されたもので、中距離作戦を目標にしており、ときには海大型をたすけて、艦隊決戦にもくわわることになっていた。

排水量（基準）水上九六〇トン、水中一四四七トン、全長八〇・五メートル、幅七・〇五メートル、吃水四・〇七メートル、出力・水上四二〇〇馬力、水中一二〇〇馬力、速力・水上一九・八ノット、水中八ノット、兵装五三・三センチ魚雷発射管四基（艦首）、八センチ高角砲一基、二五ミリ連装機銃一基、航続力一六ノットで五〇〇〇海里であった。

本型は第一線に配属されてみると、ひじょうな好評を博した。とくに水中運動性のよさは、艦型の小さいこととあいまって、厳重な敵の警戒網をくぐり抜けて行動することができ、しばしば戦果をあげた。

本型は、のちに昭和十六年の戦時計画で一二隻、同追加計画で一五隻、昭和十七年の⑤計画で四三隻の多数の建造が計画されたが、最初の戦時計画による九隻(呂44〜50、55、56)が完成したのみで、ほかは未完のまま終戦をむかえた。

本型の各艦は、いずれも米海軍の対潜能力が圧倒的に強化された昭和十八年ころより、おもに中部太平洋方面で作戦に従事したが、ほぼ全滅にちかい憂き目をみた。終戦まで残存したのは、わずかに呂50のみであった。

それでも日本潜水艦陣のなかにあっては、その軽快な運動性を利して、しばしば敵艦を攻撃する機会を得ることが多かった。とはいえ、護衛駆逐艦シェルトンを撃沈した呂41や、LST577を沈めた呂50の戦果が知られているていどである。

本型は、中型潜水艦としては最適なもので、もっと数多く建造されるはずであったが、計画性に欠けていた日本海軍は、思いきった手を打ったときには、すでに戦局はどうしようもないところまですすんでいたのである。

伊400型(日本)

潜水艦と航空機を戦術上でむすびつけたのは、とくに日本海軍だけでなく、英米海軍などでも、あるていどの実験は試みら

伊401

れていた。

もちろん、これらは、航空機を搭載するといっても、単に偵察能力をアップさせるための手段として考えられていたにすぎず、搭載機を攻撃手段にまでしようというところまではいたらなかった。

ただし、偵察機の搭載という点でも、実用化したのは日本海軍のみで、先に述べた巡潜甲型、乙型で大きく実現させている。

さて、緒戦の勝利ですっかり自信をもったわが海軍では、潜水艦が米本土の砲撃に成功し、しかもその偵察機を、敵地の上空にまで飛ばせることができたことから、大型潜水艦に数機の爆撃機を搭載して、敵地を奇襲するという構想が生まれてきた。

これはただちに実行にうつされ、昭和十七年五月に設計が決定されるという、手まわしのよさであった。

こうして特型潜水艦と称された、本型一八隻の建造が⑤計画にくわえられ、昭和十八年一月に、第一艦の伊400が呉工廠で起工された。

本型の要目は、排水量（基準）水上三五三〇トン、水中六五六〇トン、全長一二二メートル、幅一二メートル、吃水七・二メートル、出力・水上七七〇〇馬力、水中二四〇〇馬力、速力・水上一八・七ノット、水中六・五ノット。

兵装五三・三センチ魚雷発射管八基、一四センチ砲一基、二五ミリ機銃三連装三基、同単装一基一〇、搭載機二（のちに三機に変更）である。航続力は一六ノットで三万三〇〇〇海里という長大なものであった。

これは、軽巡にちかい巨大な潜水艦であった。技術的には、その巨大な格納庫の水密構造などに苦心はあったが、ともかく解決することができ、ほぼ予期した性能を発揮することができた。

ただし戦局の悪化にともなって、とても本型を一八隻も建造する余裕はなく、のちに一〇隻、さらには五隻に建造数が減らされていった。

第一艦の伊400は、昭和十九年末に完成、ひきつづいて伊401、402の二隻が完成したが、完成したのはこの三隻のみであった。伊404は工事が中断され、疎開中に敵機の攻撃で沈没してしまい、他の一艦は起工の直後に工事をとりやめ、解体された。

この特型の隻数減少にともない、甲型の伊13～15に攻撃機を搭載できるように改装工事をおこなったが、伊13、14の二隻が完成したのみであった。

終戦ちかくに伊400、401、13、14の四隻（搭載機合計一〇機）で、第一潜水隊を編成し、八月末にパナマ運河を奇襲攻撃する計画をたて、訓練がはじめられた。

しかし、その前に、敵の泊地であるウルシー環礁の奇襲計画を実施することになり、そのために出撃したが、途中で終戦となり、洋上で米艦に降服した。

潜水空母ともいうべき本型は、技術的にはきわめて巧みに実現させることができた。

また戦術的な着想もユニークなものがあったが、結果的にはなんら戦局に寄与するところがなく、まったくのムダにおわってしまったのは、残念なことである。

すなわち、戦局にたいする見とおしの甘さと、きびしさの欠如が、本型のような艦を生んだといえよう。

VIIC型（ドイツ）

第二次大戦におけるドイツUボートの通商破壊戦、すなわち大西洋の戦いは、この大戦の最大の山場ともいうべきもので、連合国の対潜部隊とのあいだにはげしい死闘がくりかえされたことは、よく知られている。

第二次大戦に参加したUボートの数は、じつに一一五八隻という多数にのぼっている。そして、これらのUボートが撃沈した船舶は、合計五一五〇隻、二一五七万七二二六トン、ほかに戦艦二隻、空母六隻、駆逐艦五二隻を屠っている。

この数字は、太平洋方面とくらべると、いずれもケタちがいに大きいもので、その規模の大きさがわかるであろう。開戦時にドイツがもっていたUボートがわずか五七隻であったことを考えると、その増強ぶりが、いかに急速なものであったかが理解できる。

ドイツ海軍の潜水艦は、はじめから日米のような大型の艦隊型とはちがい、通商破壊戦に適し、しかも大量建造ができる中小型艦で占められていた。

その系列は、だいたいII型、VII型、IX型、さらにのちの水中高速型であるXXI型とXXIII型に分類される。

II型はA～Dまであるが、いずれも三〇〇トン前後の小型沿岸用の艦で、緒戦にはかなりの活躍をみせたが、数は多くなく、のちにはおもに訓練用に用いられた。

VII型は、A～Fまでの改良型があり、合計七〇〇隻以上がつくられ、文字通りUボートの主力をなした型である。

VIIC型U209

なかでもVIIC型は、そのうちの六六〇隻を占めており、もっとも多量に生産された潜水艦であった。

本型の要目は、排水量・水上七六九トン、水中八七一トン、長さ二二〇・二五フィート（約六七メートル）、幅二〇・二五フィート、吃水一五・七五フィート、出力・水上二八〇〇馬力、水中七五〇馬力。速力・水上一七ノット、水中七・五ノット、兵装五三・三センチ発射管五基（艦首四、艦尾一）、三・五インチ砲一基、三七ミリ機銃一基、二〇ミリ機銃連装一基、航続力は一二ノットで六五〇〇海里というものであった。

日本海軍の呂35型よりもちいさく、広大な大西洋での通商破壊の任務には、いくぶん小さすぎるが、すばらしい活躍をして、多くの戦果をあげている。

ただし、後期の改良型では、排水量を大きくして大型化していた。

英戦艦バーラムをエジプト沖で撃沈したU331をはじめとして、軽巡エジンバラを雷撃したU456、おなじくガラーテを撃沈したU557、同ハーミオンを撃沈したU205、またナイアダを撃沈したU565、同ペネロープを撃沈したU410、空母アーク・ロイヤルをしとめたU81など、数のうえからも殊勲の艦は多い。

ドイツUボートとして、もっとも多数を撃沈した艦として知られるU48は、本型とほぼおなじ型のⅦB型に属する艦であった。

このU48は、三人の騎士十字章をもつ艦長のもとに、一九三九年九月から四一年六月までの一二回の出撃で五一隻、三一万七総トンを撃沈した。

これはもちろん、第二次大戦におけるトップであることはいうまでもない。

ⅨC型（ドイツ）

先に述べたⅡ型が小型、Ⅶ型が中型艦であったのにたいし、Ⅸ型は大型に属するもので、排水量は一〇〇〇トンをこえるものである。

これも改良型がA～Dまであり、各型によって、かなりことなる点もある。もっとも多く建造されたのはⅨC型で、一四一隻が就役している。

そのほかⅨA型八隻、ⅨB型一四隻、ⅨD型二九隻があり、D型はかなり大型である。

本型の要目は排水量・水上一一二〇トン、水中一二三二トン

IXC型

長さ二五二フィート、幅二二・二五フィート、吃水一五・五フィート、出力・水上四四〇〇馬力、水中一〇〇〇馬力、速力は水上一八・二五ノット、水中七・二五ノット。

兵装は五三・三センチ魚雷発射管六基（艦首四、艦尾二）、一〇・一インチ砲一基、三七ミリ機銃、二〇ミリ機銃各一基で、航続力は一二ノットで一万一〇〇〇海里にまでたっした。

隻数の点からも、VII型とともに、Uボートの主力となった型で、艦型の増大、航続力の延長によって、遠い外洋における長期の行動を可能にした。

IXD型の一艦U181は、一回の出撃期間が二二〇日という最長記録をもっている。しかも、このときの艦長ヴォルフガング・ルースは、この大戦におけるUボートのエースの第二位にランクされるベテランで、四三隻、二二万五七一二総トンを撃沈した。

彼はドイツ海軍では二人しかいないという、ダイアモンド剣柏葉付き十字章の受章者の一人でもある。

いずれにしろ、商船一〇万総トン以上を撃沈したエースは、第二次大戦中に三八人いるといわれているが、そのうちの三五人はドイツで占められている。

そのUボートのエースのトップテンを見ても、大部分がVII型か、このIX型の艦でその記録を樹立している。

しかも期間が、開戦から一九四三年ころまでにかぎられているのは、興味深い事実といえよう。

それは、大戦後半のはげしい連合国側との対潜戦闘で、いずれもその記録をストップされてしまっているからである。

第一位のクレッチマーは、U23とU99（VII B型）で四四隻、二六万六六二九総トンを沈めたが、最後の戦闘で英国の捕虜となり、一六回の出撃でおわっている。

二位はヴォルフガング・ルース、三位はエーリッヒ・トップで、一三回の出撃で三四隻、一九万三六八四総トンを沈めた。

四位のカール・フリダー・マルテンと七位のジョージ・ラッセンは、いずれもIX C型のU68とU160の艦長時代にたてた記録で、前者は五回の出撃で二九隻、一八万六〇六四総トン、後者は四回の出撃で二八隻、一六万七六〇一総トンを撃沈している。

なお、英戦艦ロイヤル・オークを撃沈して有名なギュンター・プリーンは第一〇位で、二八隻、一六万九三五総トンを記録している。

XXI型

XXI型（ドイツ）

一九四三年の中ごろを境にして、急速に苦境に追いこまれたUボートの戦いを盛り返す最後の手段としてえらばれたのが、いわゆる〝水中高速潜〟である。

当時、急激に強化されつつあった連合国側の対潜戦力には、もはや新型魚雷、逆探、シュノーケルなどの採用によっても、その鈍重な水中運動性を改善しないかぎり、対抗できないことがはっきりしていた。

そして、一九四三年にはいってからは、急カーブで上昇するUボートの被害数は、五月にはついに、三七隻にも達してしまった。

このため、全国の関係者をあつめて協議した結果、電池容量をこれまでのものの二倍にした、水中高速潜を急造することに話がまとまった。

当時、過酸化水素を燃料とする画期的な機関のワルター・タービンの開発もすすんではいたが、まだ量産の体制にはいるまでにはいたらなかった。

そこで、水中高速潜とならんで、開発をつづけることとなった。

XXI型U2511

そのためにえらばれたのが、このXXI型と、小型のXXIII型である。

XXI型は、排水量・水上一六一二トン、水中一八一九トン、長さ二五一フィート、幅二一・七五フィート、吃水二〇フィート、出力・水上四〇〇〇馬力、水中五〇〇〇馬力、速力・水上一五・五ノット、水中一六ノット。

兵装は五三・三センチ魚雷発射管六基、三〇ミリ連装機銃二基、航続力は一二ノットで一万一一五〇海里である。

この要目を見てもわかるように、まずその水中速力がいままでより倍加しており、そのため船体も、余分な抵抗をのぞくため、できるだけ流線形化されている。

XXI型は、一九四四年五月までに第一艦を完成し、八月より月産一〇隻、一五隻、二〇隻のペースで量産する計画がたてられた。

そのため内陸部で、艦体を八つの部分に分割したブロックをつくり、それを連合軍の空襲をさけるため、バルチック海の奥の沿岸造船所で組み立て、就役させるという予定であった。

また予定では、一艦の建造に約六ヵ月を見ればよいとされていた。

しかしながら、実際には連合軍の空襲、ソ連軍の侵入、ブロック工法の欠陥、設計のミスなどがかさなり、終戦までに一二〇隻の完成をみた。

とはいえ、実際に出撃したのは、わずか二隻にすぎなかった。一九四五年四月二十日、ノルウェーのベルゲンを出港したU2511は、一七回出撃、二〇万トン撃沈の記録をもつ、ベテランのシェネー少佐が指揮していた。

出港後まもなく、イギリスの対潜艦艇アスデックにキャッチされたが、一六ノット以上の水中速力で、すぐに離脱することができた。

さらに五月七日、ベルゲンに帰投中、三隻の駆逐艦に護られた一万トン重巡を発見、同艦は敵に発見されることなく、絶好の射点に位置することができた。

あとはただ、発射のボタンを押しさえすればよかった。しかし、三日前にデーニッツより停戦命令が出ていたため、同艦はそのまま獲物を見のがして帰投せざるを得なかった。

いずれにしろXXI型は、当時としては画期的なすばらしい潜水艦、真の意味での潜水艦であった。

ただ惜しむらくは、その出現があまりに遅すぎたことだ。

ガトー型（アメリカ）

第二次大戦における日本の敗因のひとつとして、アメリカの潜水艦による海上通商破壊があげられる。

大戦中に、米潜水艦のために撃沈された日本の商船は一一五〇隻、四八五万九六三四総トン、艦艇二一三隻という膨大な数にのぼっている。

商船はともかく、かくも多くの海軍艦艇、失った空母、軽巡、駆逐艦のじつに四〇パーセント強が、米潜水艦によるものであるという事実は、開戦前には予想もできなかったことである。

またこれは、日本海軍の対潜戦闘にたいする立ち遅れと、認識の不足をはっきりと示しているものといえよう。

戦前、米海軍も潜水艦の用兵にあたっては、艦隊型を中心として考えていたようで、艦隊型として一〇〇〇トン以上の大型艦が建造されていた。

開戦時、米海軍は一一一隻の潜水艦を就役させており、そのうち二九隻がアジア艦隊、二二隻が太平洋艦隊に所属していた。

開戦後に就役させた潜水艦は、終戦までに合計二〇八隻にたっしたが、そのほとんどがガトー型の潜水艦である。

ガトー型は、開戦の前に計画されたもので、開戦とともに大

ＳＳ237トリガー

量建造がおこなわれ、一九四一〜四四年に、合計一九五隻が就役している。

これらはさらに、ガー型、アルバコア型、アングラー型、パラオ型などに細分することもできるが、実質的にはおなじ型の艦と見てもよく、その意味では大戦の末期に就役をはじめた、テンチ型も同型といってよいであろう。

いずれにしろ、第二次大戦中に量産された潜水艦としては、ドイツのⅦＣ型につぐもので、建造期間を短縮するため、ブロック工法が採用され、最短記録は九ヵ月といわれている。

排水量は水上一五二五トン、水中二四一五トン、全長三一二フィート、幅二七・二五フィート、吃水一五・二五フィート、出力・水上五四〇〇馬力、速力は水上二〇ノット、水中一〇ノット。

五三・三センチ魚雷発射管一〇基（艦首六、艦尾四）、五インチ砲一基、四〇ミリ、二〇ミリ機銃数基を装備しており、携帯魚雷は二四本といわれている。

艦隊型とはいっても、日本海軍の巡潜型や海大型ほどに大きくなく、また通商破壊型としては、すこし大型すぎるくらいであり、どちらかというと平凡な性能にとどまっている。

しかし優秀な電子、音響兵装、さらには、各種の指揮装置の採用により、貧弱な日本海軍の対潜能力に対抗して、十分にその戦力を発揮することができた。

米潜水艦のあげた戦果の約九〇パーセントは本型によるものであった。これは、大戦中のトップ潜水艦二五隻のうち、本型が二一隻を占めており、それらはすべてこのガトー本型である。

米潜水艦のトップは二一隻、一〇万二三一トンを撃沈したフラッシャーで、これは一九四四年一月から一九四五年二月までの約一年間に、二代の艦長のもとにあげた戦果である。

大物はすくないが、軽巡「大井」、駆逐艦「岸波」などがふくまれている。

ただし、本艦のトップは、仮空の駆逐艦〝イワナミ〟二一〇〇トンの撃沈をそのスコアにくわえた上でのことで、これを差し引くと、二位のラッシャーの九万九九〇一トンを下まわり、一位と二位が入れかわることになる。

実際の一位のラッシャーは、そのスコアに空母「神鷹」をふくんでいる。三位バーブは一七隻、九万六六二八トンで、空母「雲鷹」、護国丸を含んでいる。

四位のタングは二四隻、九万三八二四トン。五位シルバーサ

SS199トウタグ

イズは二三隻、九万八〇トンをそれぞれ記録している。

これらの記録は、日英の潜水艦のスコアにくらべると、高い方ではあるが、ドイツのUボートに比較すれば、問題にならないものである。

そのほか、空母「大鳳」をしとめたアルバコア、空母「信濃」を撃沈したアーチャーフィッシュ、伊41、呂112、呂113など、わが潜水艦三隻を撃沈したバットフィッシュなどがある。

また、空母「翔鶴」を撃沈したカバラ、重巡「摩耶」を葬ったデース、空母「雲龍」を撃沈したレッドフィッシュ、戦艦「金剛」をしとめたシーライオン二世、重巡「愛宕」を撃沈したダーターなど、めじろおしにならんでいる。

T型（アメリカ）

米潜水艦で、ガトー型につぐ殊勲艦を選ぶならば、このT型をあげることに問題はない。T型はガトー型のまえに位置する型で、合計一二隻が一九四〇〜四一年に完成している。

実質的には、米海軍が第一次大戦後の一九三〇年代の初期より建造してきた、一連の中型の艦隊型潜水艦の系列に属する。ガトー型は、このT型の改良型といえるものである。

排水量は水上一四七五トン、水中二三七〇トン、長さ三〇七・二五フィート、幅二七・二五フィート、吃水一三・七五フィート、出力・水上五四〇〇馬力、水中二七四〇馬力、速力は水上二〇ノット、水中八・七ノット。

五三・三センチ魚雷発射管一〇基(艦首六、艦尾四)、五インチ砲一基、四〇ミリ機銃一基が本型の要目である。まずガトー型と、大差ないものといえよう。

本型のトウタグは二六隻、七万二六〇六トンを撃沈しており、隻数では第一位、トン数では一一位の成績である。

本艦のスコアには駆逐艦「磯波」「白雲」、潜水艦伊28、呂30などがふくまれている。そのほか第一五位のガジョンは一二隻、七万一〇四七トンを撃沈しており、第一八位のスレッシャーは一七隻、六万六一七二トンを記録している。

これ以外にも潜水艦伊164、駆逐艦「子ノ日」を撃沈したトライトン、伊182を撃沈したトラウト、伊18、「沼風」をしとめたグレイバックなどが本型に属している。

なおガトー型は、大戦中に三〇隻が戦没しているが、このT型では七隻が失われている。

トレンチャント

T型（イギリス）

第二次大戦中の英海軍における潜水艦の行動は、かなり地味なもので、ドイツやアメリカのようにきわだった存在ではなかった。

もちろん、これは戦いの相手であるドイツが大陸国で、英国に海上を封鎖される立場にあるため、必然的に海上通商も不活発で、しかも劣勢の水上艦艇は港内にかくれ、ほとんど外洋に進出することもなかった。

そのため、目標もすくなく、潜水艦の用法も当然ことなってきたことはいうまでもない。

とはいっても、英潜水艦の活躍が不活発で、また艦の性能がおとっていたわけでは決してない。多くの優秀艦が作戦に従事し、かずかずの殊勲をあげている。

大戦に参加した英潜水艦は、一〇〇隻以上にのぼり、その種類もさまざまであったが、そのなかでも主力となったのはT型とS型、U型の三級である。

S型とU型は、ともに排水量一〇〇〇トン以下の中型艦であったのにたいし、T型はいくぶん大型である。

いわゆる艦隊型の潜水艦に属し、英潜水艦陣の中核として大戦中にもっとも活躍し、殊勲をあげた艦として推すに、十分な資格をもっているといえよう。

T型は、開戦前に計画がたてられている。一九三七〜四五年に合計五九隻が建造され、そのうち五三隻が完成した。

基準排水量は水上一〇九〇トン、水中一五七五トン、全長二六五フィート、幅二六・五フィート、吃水一二フィート、出力・水上二五〇〇馬力、水中一四五〇馬力、速力・水上一五ノット、水中九ノット。

T型は艦隊型とはいっても、日米の艦隊型潜水艦にくらべるとかなり小型で、あまり特色もない。

兵装は五三・三センチ魚雷発射管一〇基（後期型は一一基）をもち、艦首に二基、艦尾に二基（後期型は三基）の外装発射管を装備していることは、ほかの国の艦と異なるところである。そのほか、艦橋の前部に四インチ砲一基をもち、機銃を艦橋部にそなえている。

大戦を通じて一六隻が戦没しており、けっしてすくない被害ではないが、殊勲の艦も多い。

一九四四年一月十一日、ペナン沖でわが軽巡「球磨」を撃沈したタリホー、一九四五年六月八日、シンガポール南方でおなじ重巡の「足柄」を撃沈したトレンチャント、一九四〇年四月九日、ノルウェーのクリスチャンサンドでドイツ軽巡カールスルーエを撃沈したトルーアント、一九四三年十一月十三日、遣独のためペナンに入港する直前のわが潜水艦伊34を撃沈したタ一ラス、一九四二年二月二十三日、ノルウェー沖でドイツ重巡プリンツ・オイゲンの雷撃に成功したトライデント、Uボート三隻を撃沈したUボートキラーのテェナなどは、すべてこのT型である。

そのほか、大戦末期にシンガポール停泊中の重巡「高雄」を攻撃した英海軍の特殊潜航艇（チャリオット）を発進させたのも、「足柄」を撃沈したトレンチャントである。

ただし、大戦中における英潜水艦のトップは、地中海方面で、艦長ウォクリン大佐のもとに行動したアップホルダー（U型）で、九万八九四七トンを撃沈している。

正規空母の「防御力」徹底研究

第2章

3

石橋孝夫

■〝真の強さ〟を持つ空母は

攻撃を受けたときの抗堪力こそ〝最強の空母〟の証明

格納庫の型式に見る日米の相違

第一次大戦末期に出現した、フラットな飛行甲板を有する最初の航空母艦は、当初は戦力的に多分に未知数であった。

しかし、航空機の急速な進歩発展とともに、以後、着実に発達をとげ、日米英三大海軍においてそれぞれ独自の発展をたどり、第二次大戦において、もっとも強力な戦力として海上の戦闘様式を一変するにいたったことは、よく知られているところである。

初期の空母は、他艦よりの改装艦や一万トン以下の小中型が多く、防御的にはほとんど考慮はされていなかったといってよい。

このため世界で最初に計画された英空母ハーミスの例をみても、備砲の一四センチ砲とともに、軽巡ていどの艦との対戦、対応防御をはかっていたにすぎなかった。

これは空母そのものが、当時としては単に海軍戦力の補助兵力としてしかあつかわれていなかったことからも理解できるところである。

一九二二年のワシントン軍縮条約により、空母は単艦排水量一万トン以上、二万七〇〇〇トン未満、備砲は八インチ（二〇・三センチ）以下と定義され、保有量についても英米一三万五〇〇〇トン、日本八万一〇〇〇トン、仏伊六万トン（以上基準排水量）とさだめられ、日本の対英米比率は五対三となっていた。

ただし特例として、保有量の範囲内で三万三〇〇〇トン未満の艦二隻を建造することが認められていた。

この結果、建造されたのが、日本の「赤城」「加賀」、米国のレキシントン、サラトガ、英国のカレージアス、グローリアス、フューリアスなどで、これらが軍縮時代の主力空母として、日米英艦隊航空力の中核をなしていた。

日米の空母は、いずれも条約により廃棄された八八艦隊、三年計画案による戦艦、巡洋戦艦を流用したもので、とくに米国のレキシントン型は基準排水量三万三〇〇〇トンと条約の特例条項を適用した大型空母で、第二次大戦後にミッドウェー型が出現するまで、これを上まわる空母は米国では建造されなかった。

おなじように日本の「赤城」

竣工時のレキシントン。巨大な煙突が特徴的な大戦中の米海軍最大空母。

「加賀」にしても、基準排水量二万六九〇〇トンと称されていたが、実際は三万トン近い大艦で、のちの改装によりさらに大型化した。この両艦を上まわったのは、一九四四年に完成した「信濃」のみであった。

さきに述べたように、これらの艦はいずれも当時、最新最大の巡戦、戦艦の進水ずみ船体を利用しただけに、防御的には十分なものを有していた。備砲にも条約で許容された最大の八インチ砲を搭載して、条約型巡洋艦に対応した砲装と防御をほどこされていた。

レキシントン型では水線甲

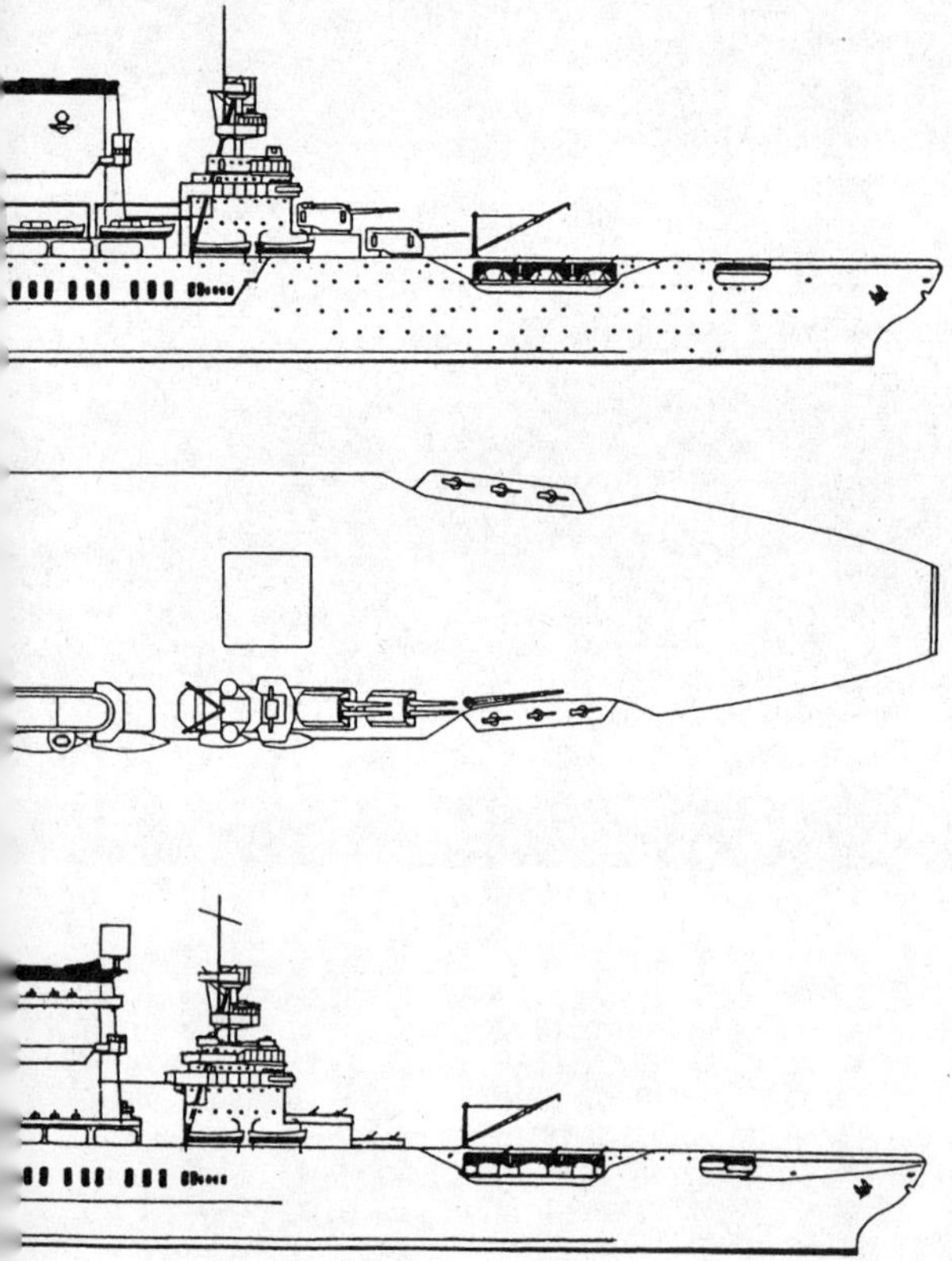

作図／石橋孝夫

CV-2 レキシントン（アメリカ・1928年）

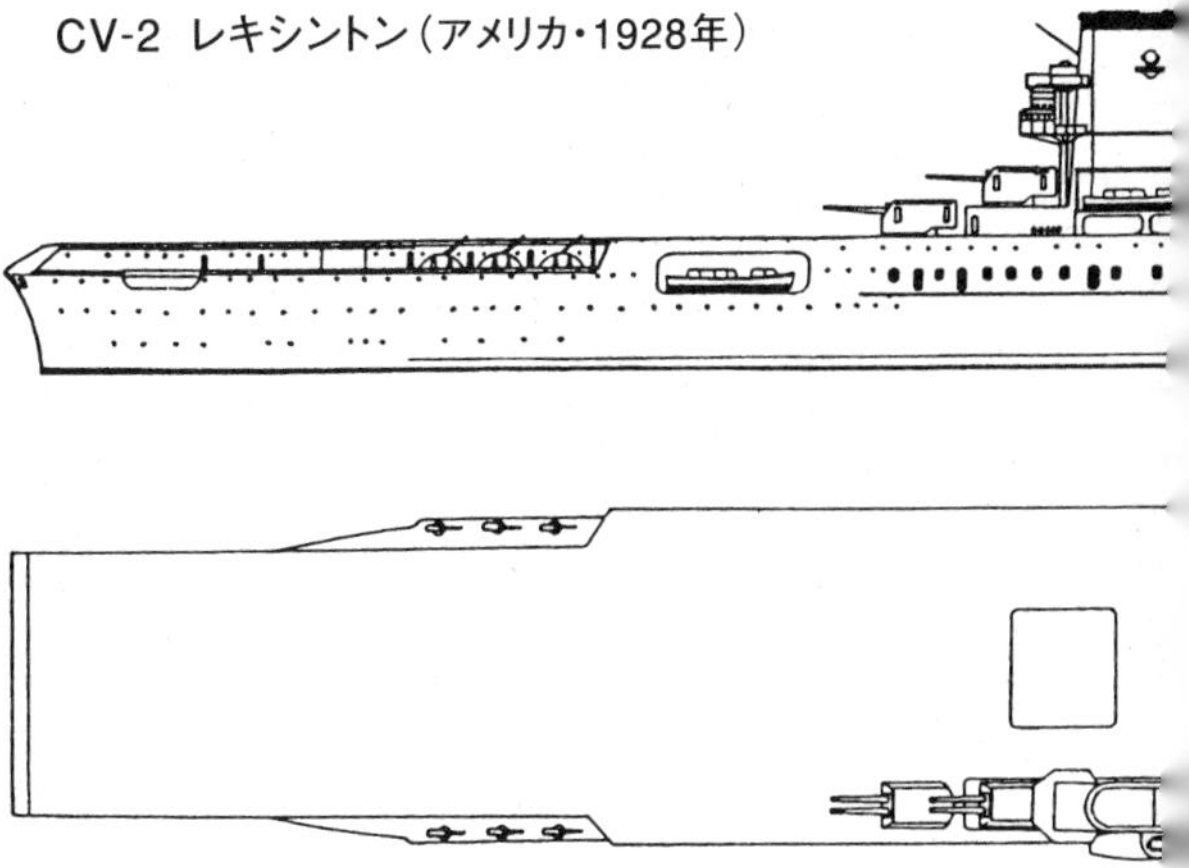

レキシントン（1942年）

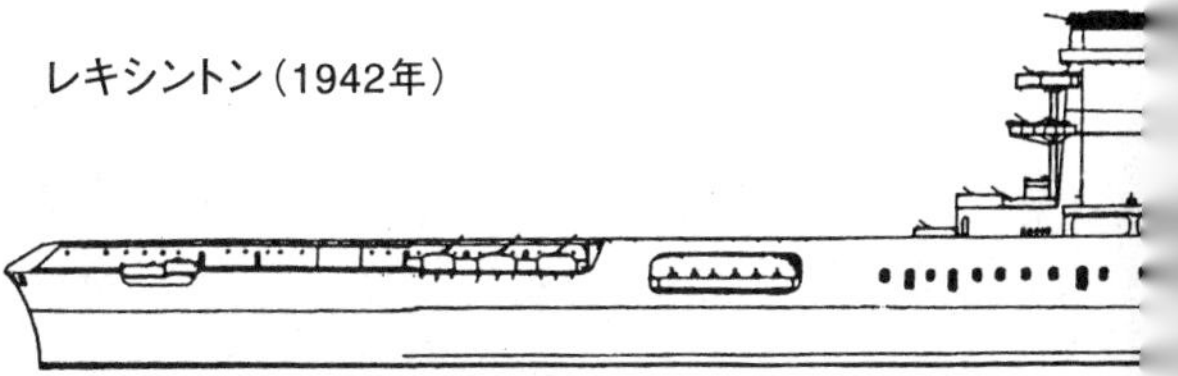

帯一五二ミリ、防御甲板(下甲板)七六ミリ、水中防御は、バルジをふくめて四層の隔壁により防御されており(機関部分)、飛行甲板は二五ミリと軽防御がほどこされていた。

おなじように「赤城」「加賀」の場合も防御甲板(下甲板)は、当初の計画のまま一〇〇ミリ前後の甲鈑をもっており、水線甲帯のみ巡戦、戦艦時の厚さを減じて、おなじく対二〇センチ砲弾用として一五〇ミリ前後の装甲をほどこしたものとみられている。

飛行甲板および側壁は無防御であり、これは当時の技術的見地からも空母の構造上、上部をしめる飛行甲板や格納庫に装甲をほどこすことは艦の安定性からもきわめてむずかしい問題であった。

とくに「赤城」「加賀」のように格納庫を三段も有し、背の高い空母においてはなおさらであった。

さらに日米空母の最大の相違は、その格納庫の型式にある。レキシントン型では、格納庫は一段で開放式であり、飛行甲板と格納庫のあいだに一段ギャラリー甲板をもうけていた。これにたいし、「赤城」「加賀」は三段で、側部をかこった艦内式と称するもので、これは英空母においても同様であった。

これは単に格納庫の容積や形態のちがいだけではなく、のちの太平洋戦争における戦訓がしめすように、防御面に大いに関係していた。

これに対抗する英国のカレージアス、グローリアスは、さきに改装されたフューリアスとともに、いずれも第一次大戦中に建造された、特殊な艦である大型軽巡を改装したものであった。

したがって、船体部の防御はより軽く、対艦防御としてはより旧式なイーグルのほうが、戦艦から改装されただけにより強力であった。

同様に、未成戦艦を空母に改装した例としては、この時期、フランスのベアルンがある。速力は低かったが、防御的には水線甲帯八三ミリ、防御甲板七〇ミリ、飛行甲板二五ミリという装甲を有し、比較的強固な防御力をもっていた。

恐ろしい格納庫内火災

いずれにしても、条約時代初期のこれら各国の空母は、防御力をうんぬんする以前の、空母の形態が確立する以前の過渡的な艦であった。

空母の近代性という点では、米国のレキシントン型がもっともすぐれていたといってよい。日本の「赤城」「加賀」ものちに改装をほどこされて、はじめて満足すべき状態に達したといってよい。

防御的には、大半が巡洋艦に準ずる速力をもっていたところからも、対条約型巡以下の対艦防御が考慮されていた。また水中防御に関しては、日米の大型艦では魚雷一、二本では沈没しないだけの力をもっていたといってよいであろう。

第二次大戦にさいして、レキシントンは一九四二年五月のサンゴ海海戦で、「赤城」と「加賀」は同六月のミッドウェー海戦でうしなわれたが、この喪失原因こそ、戦前には予想もされなかった空母のウィークポイントをしめしたもので、これを克服しないかぎり、不沈空母は完成されないことを意味していた。

レキシントンはこのとき、「翔鶴」「瑞鶴」機の攻撃で魚雷二、爆弾二の命中をうけたが、缶室の一部が浸水、エレベーターの使用が不能となったものの、戦闘には支障なかった。艦の傾斜も、反対舷への重油移動で復原し、致命的な被害はなかった。それにもかかわらず、約一時間後に漏洩していたガソリン、ガスに引火して大爆発を続発し、大火災を発生、約四時間後に友軍の魚雷で処分されたものであった。

サラトガは大戦初期に二度、日本潜水艦の雷撃（各魚雷一）をうけて損傷している。さらに大戦末期の硫黄島の上陸作戦で、特攻機の集中攻撃をうけ、特攻機四と爆弾四が命中したが、二時間後には着艦が可能というみごとな応急作業をみせて、この間の大きな進歩をみせた。

「赤城」「加賀」の場合は、米空母発見の報により攻撃準備をして、ただちに発艦開始しようとしたが、その寸前に米艦爆におそわれ、それぞれ二、四弾をうけ、格納庫で爆発した爆弾のため、攻撃準備中の搭載機群の爆弾、魚雷などの爆発で大火災を生じた。

そして、ついに消火不能のまま、「加賀」は一一時間後にガソリン庫に火がはいって沈没、「赤城」は一七時間後に友軍の魚雷で処分されたものであった。

この戦訓よりいえることは、格納庫内における火災がいかに恐ろしいかを物語っており、さらに空母特有の大量のガソリンの処置もおろそかにすると、致命傷になることをあらためて思い知らされた事例であった。

もちろん、このような事態はあるていどは予想されて、格納庫内の防火壁、消火装置などの設備は常識的には設けられてはいた。しかし、じっさいの戦闘ではそんな生やさしいものではほとんど役にたたず、抜本的対策が要求されるにいたったのであった。

英国のカレージアスも、開戦直後に独潜の魚雷二本で撃沈されたが、これは艦としての水中防御の弱さに起因するもので、ある意味では必然的結果といえた。

さらにグローリアスが、独戦シャルンホルスト、グナイゼナウに遭遇して撃沈された例は、例外的な事例といえよう。

1941年11月、U81の雷撃をうけた英海軍のアークロイヤル。

米空母の驚くべき不沈性

さて、条約時代の後半において、日米英では新造空母の建造に着手し、有力な空母として日本では「蒼龍」「飛龍」、米国ではヨークタウン型三隻、英国ではアーク・ロイヤルが建造された。

これらは条約による保有量内でのかねあいもあって、基準排水量二万トン前後の中型艦としてまとめられており、防御的にはあまりみるべきものはなかった。このうちではアーク・ロイヤルがもっとも大型で、形態的、性能的にももっとも画期的な空母であった。

本艦の防御は水線甲帯一一四ミリ、防御甲板は六四〜八九ミリを有し、とくに弾火薬庫、ガソリン庫、舵機室部分が強化されていた。

また、本艦では飛行甲板が強度甲板となっており、格納庫は艦内式二段で下部格納庫甲板となっていた。

開戦後、アーク・ロイヤルは英海軍の主力空母として活躍したが、一九四一年、地中海でドイツ潜の魚雷一本をうけ、約一四時間後に浸水のため沈没してしまった。

これは艦の水密構造上の弱点をつかれたためと、乗員の応急処置が適切でなかったためで、空母としての基本的構造に起因するものではなかった。

米国のヨークタウン型は新造空母としてはレンジャーにつぐ型であるが、中型とはいえ、のちのエセックス型に準じた非常に実用性の高い空母として、太平洋戦争前期の米空母の主力を成した型である。

本型の防御は水線甲帯一〇五ミリ、主甲板七六ミリ、下甲板二五～七六ミリの水平防御をほどこされ、格納庫はそれまでどおり開放式一段である。

この型の空母としては、比較的良好な防御をもっていた。

ヨークタウン型は大戦初期に二隻が戦没しており、まずヨークタウンがミッドウェー海戦で「飛龍」機の攻撃で魚雷二、爆弾三の命中をうけ、漂流中に伊168潜の魚雷二本をうけて、数時間後に沈没した。

さらにホーネットが、南太平洋海戦にて魚雷二、爆弾四をうけて航行不能となったところを、さらに魚雷一、爆弾二をうけて火災を生じ、大傾斜したため放棄された。

その後、友軍の魚雷で処分しようとしたが、沈まず、のちに追撃した日本駆逐艦が炎上中の同艦を発見して、雷撃処分した。

これらヨークタウン型の喪失原因は、まず魚雷と爆弾で航行不能となったところを、追加攻撃をうけて沈没したもので、最初の被害では航行不能にはなったものの、火災被害は小さく、この段階で適切な処置をとれば、たすかったケースであった。

浸水による傾斜のため、早めに艦を放棄してしまったのも沈没原因の一つであった。

爆弾のいくつかは防御甲板を貫通して、缶室などで炸裂したことからも、水平防御は十分ではなかったが、水密性は予想以上に強力であった。ただ、傾斜を復原する力が足りなかったといえよう。

とくにホーネットの場合、処分にさいして二隻の米駆逐艦がそれぞれ八本ずつの魚雷を発射して、このうち九本が命中したにもかかわらず、沈没せず、さらに砲撃を四〇〇発もくわえたが、沈められなかったと記録されている。

事実とすれば、おそるべき不沈性といえよう。

が、たぶんに疑問な点もある。このあとホーネットは、五時間も炎上しながら漂流、夜半近くに日本の「巻雲」と「秋雲」が発見し、曳航せんとしたが、火災がはげしくて断念し、魚雷四本を発射して沈めたものである。

数字上では、一六本の魚雷を命中されたことになり、空母の被雷例としては、ほかに例のないものである。

おなじく同型のエンタープライズは、太平洋戦争における米空母としては、開戦時から終戦まで戦いぬいた最高の殊勲艦として有名である。

一九四二年の第二次ソロモン海戦と南太平洋海戦では、それぞれ被弾三、および二の被害をうけたが、ともに数時間後には戦闘力を回復している。

さらに、のちに三度にわたり特攻機の被害をうけたにもかかわらず、つねに致命傷とはならなかった。

これは一つに、ほかの同型艦のような魚雷の被害がなかったことも幸運であったといえ、さらに被害時の処置も非常に適切であったことも、見逃せないところである。

これにたいして日本の「蒼龍」「飛龍」は艦型もいくぶん小さく、防御的にも弾火薬は対二〇センチ砲、ガソリン庫、機関部は駆逐艦搭載砲にたいする防御をはかっていただけで、全般に軽い防御しかなかった。

ミッドウェー海戦で、「蒼龍」は爆弾三を飛行甲板にうけて、たちまち大火災を生じ、約九時間後に沈没している。

「飛龍」は一艦のみ奮戦中に、おなじく四発の爆弾をうけ、火災を生じ、やがて機関が停止して傾斜が大きくなったために放棄された。そして「巻雲」の魚雷で処分しようとしたが、魚雷一本が命中したのみで沈まず、翌日午前中にやっと沈没したものといわれている。

この二艦もさきの「赤城」「加賀」とおなじように、格納庫内の火災を消火しきれなかったのが直接の原因で、水密性は保っていたにもかかわらず、放棄せざるをえなかったものである。

防御力を重視した無条約艦

つぎに無条約時代にはいって建造された空母についてみると、この時期、英国ではイラストリアス型、日本は「翔鶴」型、米国では若干おくれてエセックス型も建造され、いずれも大戦中の主力空母として重要な役割をはたした。

英国のイラストリアス型は、形態的にはさきのアーク・ロイヤルに準じた型であった。もっとも、基本性能はかなりことなっており、本型は飛行甲板をふくめて船体各部に十分な防御をほどこした、装甲空母として計画されていた。

これは一つに当時の独伊が空母をもたないかわりに、強力な空軍をもっており、これら陸上機の搭載する強力な爆弾に対抗できる空母として計画されたもので、おもに地中海や沿岸部での行動を考慮していた。

本型の飛行甲板は、格納庫上面七六ミリ、その他三八ミリという本格的装甲をほどこされ、格納庫側部、前後一一四ミリ、格納庫甲板は七六ミリと、格納庫は前後左右、上下とも完全に箱型に装甲鈑でかこわれており、砲弾にたいしても耐一五センチ砲の防御力を有していた。

防御力を重視した英イラストリアス型空母フォーミダブル。

そのほか水線甲帯は一一四ミリで、船体防御は先の

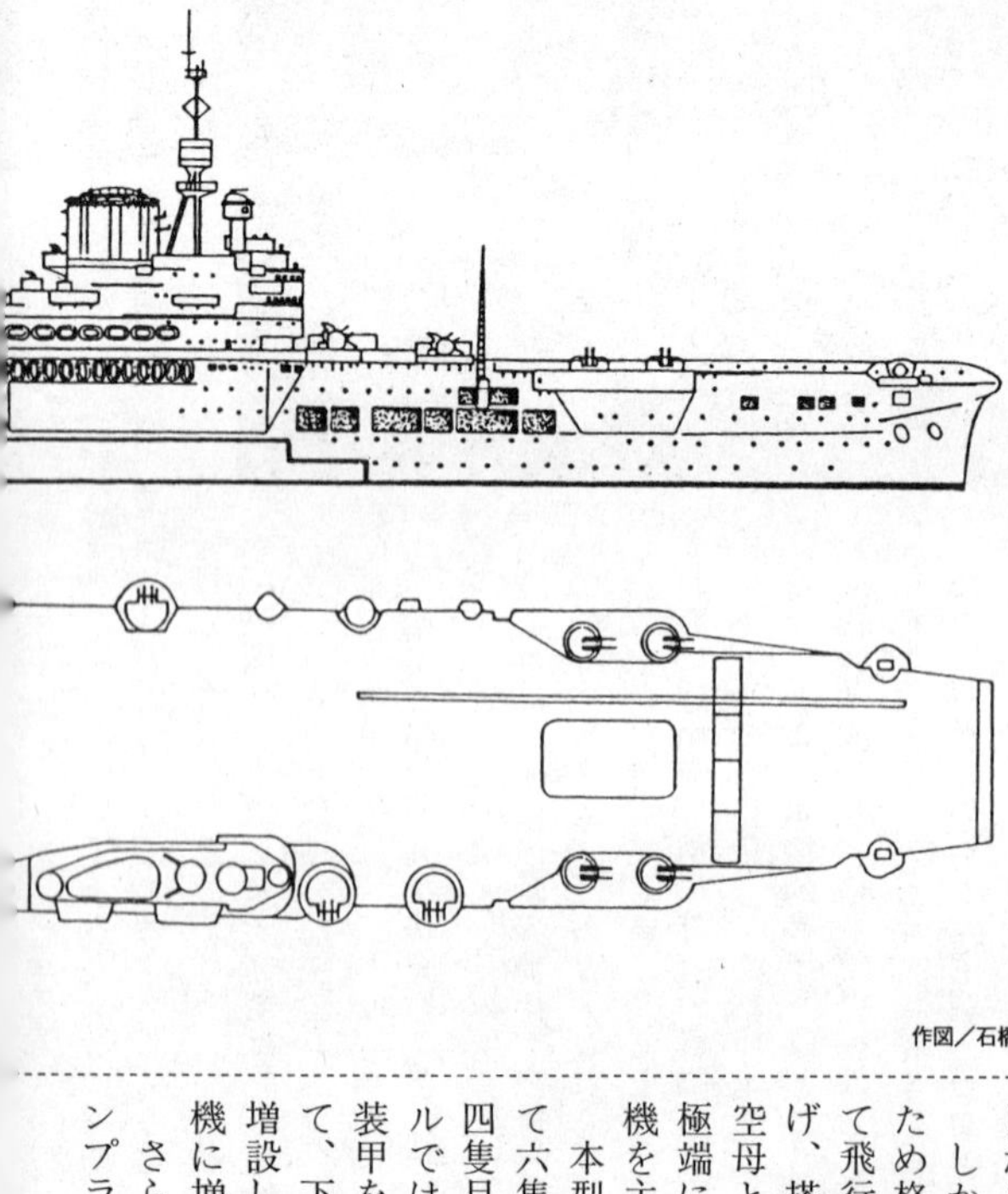

作図／石橋孝夫

アーク・ロイヤルに準じたものであった。

しかし、この装甲のため格納庫は一段さげて飛行甲板の位置を下げ、搭載機もこの型の空母としては三六機と極端にすくなく、雷撃機を主体としていた。

本型は改型をふくめて六隻が建造されたが、四隻目のインドミダブルでは、格納庫側部の装甲を三八ミリに減じて、下部格納庫を一部増設して搭載機を四八機に増大した。

さらに最後の二隻インプラカブルとインデ

イラストリアス（イギリス・1940年）

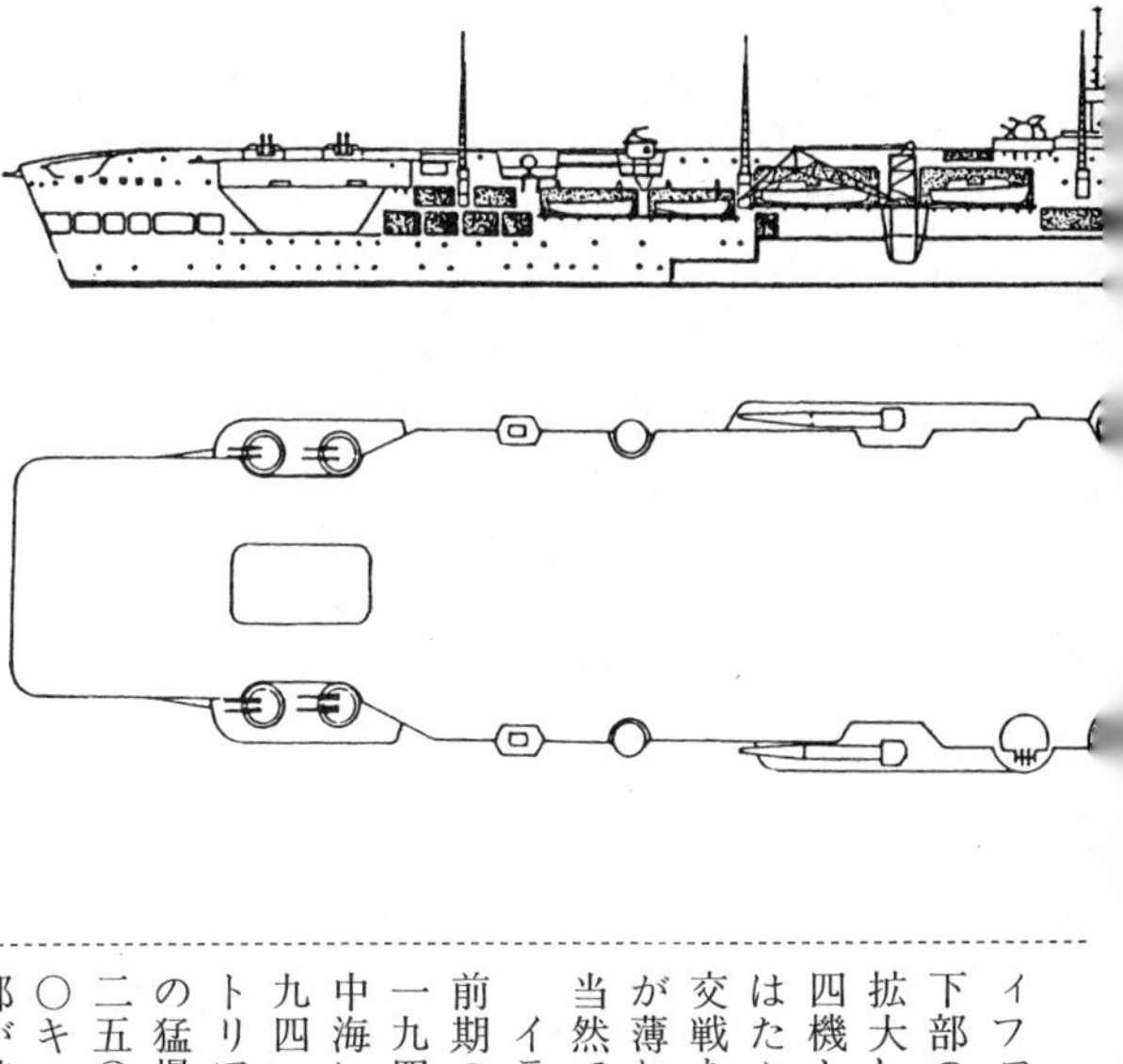

イファティガブルでは、下部の格納庫をさらに拡大して、搭載機を五四機としていた。これはたぶん水上艦艇との交戦を考慮する必要性が薄れたための処置で、当然であった。
イラストリアス型の前期の完成艦三隻は、一九四〇〜四一年に地中海に出撃したが、一九四一年一月、イラストリアス型はドイツ機の猛爆をうけ、六発の二五〇キロおよび五〇〇キロ爆弾が命中、一部が装甲飛行甲板を貫通して格納庫甲板で爆

発した。これで火災を生じるとともに舵機が故障したが、戦闘航海には支障なく、マルタに避難した。

しかし、ここでもドイツ機にねらわれ、三発の直撃弾と若干の至近弾をうけ、二発は飛行甲板を貫通して格納庫甲板で爆発、飛行甲板、エレベーターなどが破壊され、さらに至近弾により水線下にかなりの損傷を生じ、浸水した。

この損傷修理は米国でおこなわれ、約一年間を要したが、ふたたび戦列に復帰することができた。

のちに同型のフォーミダブルとインドミダブルも、地中海でやはりそれぞれ二発の爆弾をうけたが、ともに約六ヵ月で戦線にもどっている。

さらに大戦末期の対日戦においても、本型は各艦合わせて七回の特攻機の命中をうけたが、いずれも飛行甲板上だけの被害にとどめ、米空母のように大被害を生じた艦は一艦もなかった。

このイラストリアス型の装甲飛行甲板は完全ではなかったが、被害を局限するのに有効であったことが実証された。

さらにガソリン庫、同配管などの防御、消火装置、乗員の応急処置にすぐれていたことが、日米空母のような火災被害を生じさせなかったものといわれている。

英国では本型についで、大戦中により大型の空母アフリカ型を計画した。本型では飛行甲板の装甲を一〇五ミリに強化、戦後にアーク・ロイヤル（空母としては二代目）とイーグルが完成された。

漏洩した燃料ガスの爆発で沈んだ「大鳳」。日本最初の装甲空母であった。

しかし、計画だけに終わったより大型のマルタ型（基準排水量四万六九〇〇トン）では飛行甲板の装甲はやめて、たんに弾片防御ていどにとどめていた。

役に立たなかった重防御

日本が開戦直前に完成させた「翔鶴」型は、「飛龍」の拡大型で、弾火薬庫が耐八〇〇キロ爆弾および対二〇センチ砲として一三二ミリの水平甲鈑と、一六五ミリの垂直甲鈑で防御されていた。

しかし、機関部は耐二五〇キロ爆弾、対駆逐艦搭載砲ということで、軽防御がほどこされただけで、飛行甲板には装甲はなかった。格納庫は二段で、格納庫側壁は格納庫内での爆風を逃がして飛行甲板への影響をさけるため、わざと薄い構造とされていた。

「翔鶴」は一九四二年五月のサンゴ海海戦で爆弾三発をうけたが、格納庫をはずれたため致命傷とはならず、航行に支障はなかったものの、着艦は不能となった。

引きつづき南太平洋海戦においても、後部飛行甲板に四発を被爆、飛行甲板を大破したが、さきのミッドウェー海戦の戦訓から可燃物を局限し、消火体制もととのっていたため、航行に支障なく帰投できた。

しかし、格納庫内で炸裂した爆弾は、飛行甲板を大きく吹きあげて、側壁の薄板構造の効果はなく、数発の被爆ですぐ戦闘力を喪失する甲板構造は、米空母より劣っていた。

「翔鶴」の最後はマリアナ沖海戦で、米潜カバラの魚雷三、四本が命中、三時間後にガソリン庫に引火して沈没したが、本型の水中防御力としては、限界であったとおもわれる。

開戦以来、無傷であった「瑞鶴」は、一九四四年のレイテ沖海戦でオトリ艦隊として米機の集中攻撃にさらされ、魚雷八、爆弾七が命中し、沈められるべくして沈んだといえよう。

いずれにしても本型は、日本空母のなかでも最も活躍したものではあるが、防御的には軽く、とくに水中防御も不十分であった。

日本海軍はついで最初の装甲空母というべき「大鳳」を計画、大戦後期に完成させた。

「大鳳」は飛行甲板のうち中央部の長さ一五〇メートル、幅二〇メートルの範囲に五〇〇キロ爆弾に耐えられるように七五ミリ甲鈑を設け、エレベーターにも二五ミリDS鋼板二枚を張って防御していた。

そのほかに弾火薬庫、爆弾庫は耐一〇〇〇キロ爆弾（高度三千メートル水平爆撃）および耐二〇センチ砲防御が機関部、ガソリン庫は耐八〇〇キロ爆弾、および耐一五センチ砲防御がほどこされていた。

水中防御として炸薬量三〇〇キロの魚雷に耐えるよう、防御隔壁などを設けていた。格納庫側壁は二五ミリ鋼板が張られ、爆風逃げ孔が設けられ、外側より鋼板が当てられ、爆風で脱落する構造となっていた。

神風特攻の猛攻にも強靭性を発揮した米エセックス型空母バンカーヒル。

この上部の装甲のため、格納庫は二段であったが、甲鈑数を「翔鶴」型より一段減じて重心を下げ、搭載機も五三機と少なかった。

新造空母としては最大の型であり、その重防御ゆえに全軍の期待をになって、マリアナ沖海戦に出撃したが、米潜アルバコアの魚雷一本が命中した。

当初は作戦遂行に支障はなかったが、前部エレベーターが衝撃により途中で故障し、発艦作業のためこのエレベーター孔をふさいだため、漏洩していたガソリン・ガスが充満、命中後の約六時間のちに大爆発を生じ、約二時間後に沈没してしまった。

これはさきのレキシントンの場合と同様のケースで、防御飛行甲板もなんの役にも立たず、その真価を発揮する機会はなかった。

一八時間で沈んだ重防御「信濃」

「大鳳」につづいて一九四四年十一月に「信濃」が完成した。本艦はいうまでもなく、ミッドウェー海戦後に「大和」型の三番艦を空母に変更完成させたもので、日本が完成させた最後の大型空母であった。

本艦は、それまでの母艦とことなり、防御を強化して、洋上の

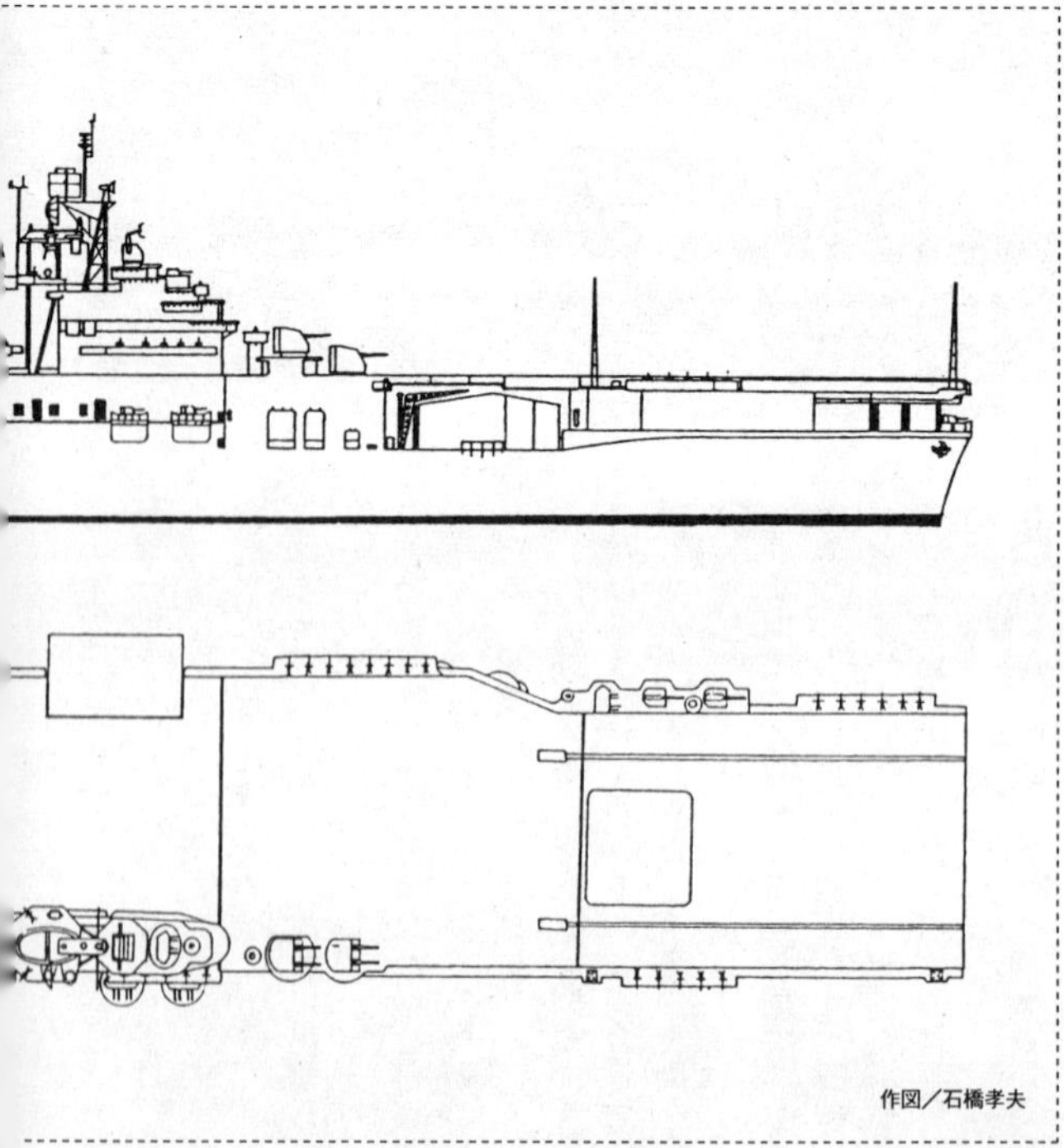

飛行基地として、とくに不沈性を考慮して設計されていた。

飛行甲板は「大鳳」と同様、七五ミリ甲鈑をもうけ、格納庫は一段とされ、戦艦時の上甲板上に設け、前部を開放式、後部は直衛機用として密閉されていた。

船体部の防御は、戦艦時の設計に準じていたため、全体に非常に強固で、日本空母だけではなく、第二次大戦中の空母としては、数字のうえからは、もっとも重防御がほどこさ

CV-9 エセックス(アメリカ・1945年)

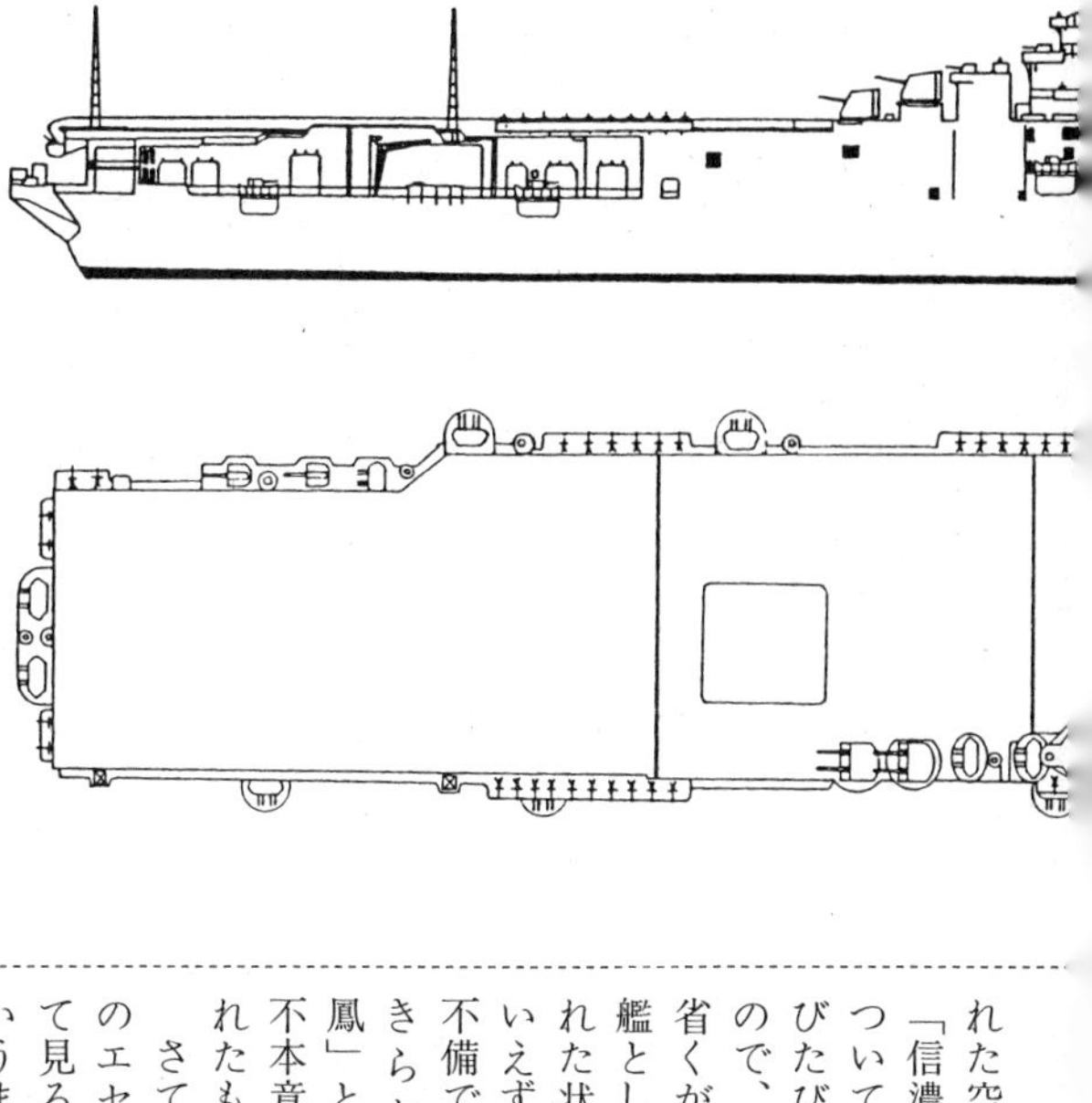

れた空母であった。
「信濃」の喪失などについては、これまでたびたび述べられているので、ここでは詳細は省くが、いずれにしろ艦として完全に完成された状態にあったとはいえず、乗員の訓練も不備であったことはあきらかである。「大鳳」と同様、きわめて不本意のうちに喪失されたものであった。
さて最後に、米海軍のエセックス型について見ることにしよう。
いうまでもなく本型は大戦後半に米空母の主

力として登場したもので、同型数も多く、その実績も十分満足すべきものであった。

本型はさきのヨークタウン型の拡大型として計画され、防御的には飛行甲板を三八ミリ鋼板で軽防御をほどこしたほかは、ほとんどヨークタウン型と大差はなかった。

ただし、本型の出現した時期は、もはや緒戦のように対等に戦える日本空母部隊はなく、その被害例はもっぱら大戦末期の特攻機被害に集中していた感があった。

エセックス型の特攻機被害例は、大小約一五回あり、とくにフランクリン（爆弾二）とバンカーヒル（特攻機二）は大火災を生じ、全損に近い状態で本国へ修理のため帰還した。

特攻機の被害からみれば、エセックス型の飛行甲板防御は不十分で、格納庫で炸裂した爆弾で火災を発生するのがつねであった。しかし、船体部への被害は阻止することができ、弾火薬庫やガソリン庫へ波及した例はない。

応急装置の優秀性と乗員の適切な応急態勢が効を奏したわけで、緒戦の例とはちがい、防御力を発揮して多くの艦を救うこととなった。

ただ、特攻機の被害は水線上だけで、エセックス型の二艦がそれぞれ一本ずつ航空魚雷を命中された被害例からみて、サンゴ海海戦のような被害をうけた場合、特攻機のような被害ですんだかは疑問である。これは同様に英国のイラストリアス型にもいえることであった。

米国ではこのあと、より大型のミッドウェー型を計画、完成は戦後になったが、本型では米空母としては初めて飛行甲板に装甲がほどこされた。

その詳細は不明であるが、水線甲帯に二〇三ミリ甲鈑が装着されたことからも、たぶん一〇〇ミリ前後の甲鈑を有しているものと思われる。

以上、第二次大戦中の空母の防御例を中心にのべてみたが、結論的にいえば、真の不沈空母は存在しなかった、といってよい。

単に巨大化し、厚い装甲をほどこしただけでは解決できない多くの問題を提示しており、これは今日の空母にも共通する問題である。

世界の傑作戦車総覧

第3章

1

竹内　昭

■各国主力戦車の性能とその変遷

欧米陸軍がそれぞれに抱いた戦術に則した戦車の開発運用

開戦時におけるドイツ戦車の状況

一九三九年九月、ポーランド侵攻を発端に、第二次欧州大戦初頭の戦場を、信ずべからざる速度で進撃をつづけたドイツ軍の中核をなすのは、戦車を中心とする装甲師団だった。

第一次大戦において、戦車開発に数歩おくれたドイツは、敗戦の結果、ベルサイユ条約により戦車保有を禁止されるに至ったが、一九二六年より秘密裡に、その研究を再開し、第二次大戦勃発までには、すでに四種の新鋭戦車を就役させていた。

これらのうち、最も初期の、そして最も小型のものは、重量五・四トン、七・九二ミリ機銃を有する一号戦車だった。

一号戦車B型

この戦車は当時、世界的な注目を集めていた英国のヴィッカース、カーデンロイドに類するもので、一九三三年、クルップ、マン、ヘンシェル、ダイムラー・ベンツ、およびラインメタルの五社に対し、農耕用トラクターの名称で極秘に設計命令がくだされた。

その結果、クルップのデザインがえらばれ、最初の試作車は、翌一九三四年はじめに完成、同年末には量産体勢に入り、一号戦車A型として部隊に配属された。

一号戦車A型は機関として、四気筒の空冷ガソリンエンジンを装備し、約四〇キロの最高時速が得られた。

さらにA型の機関を一〇〇PS（馬力）の水冷六気筒に換装したB型も、ほとんど時を置かずに整備された。

B型はA型よりやや大型化し、全長四三九〇ミリ、重量五・八トンとなったが、武装はA型と同じく機銃二梃を有するのみであった。

一九三九年に至り、二〇ミリ砲一を装備するC型が製作されたが、実用的な価値に乏しく、試作のみにおわっている。

次の戦車の二号戦車は一号戦車よりやや大きく、重量八・六トンで、武装として二〇ミリ砲一、七・九二ミリ機銃一を装備

二号戦車F型

した。

　二号戦車には、試製時よりL型まで多様の型式があり、初期のものと後期のものとでは外形的にはもちろん、内部的にも、いちじるしい相違がみられる。武装は砲身長五五口径（砲身の長さが口径の五五倍あること）の二〇ミリ砲で、わずかにこの系列から発達した試作車、ＶＫ１６０２（Ｄ）がオープントップの砲塔に五〇ミリ砲を装備したのみだった。

　開戦はじめは、一号および二号戦車が数量的にドイツ戦車のほとんどを占めていたが、両車の共通の欠点は武装の微弱にあった。

　第三の型式、三号戦車はさらに大型で、重量は一八トンに達した。武装は、はじめ三七ミリ砲一がつけられたが、のちに一九三九年に四二口径の五〇ミリ戦車砲に換装し、攻撃力増加をはかった。

　さらに一九四一年には砲身長を六〇口径に増したＪ型を生産するに至った。

　改良の進むにつれ重量も増加し、四二口径、五〇ミリ砲装備のＥ型では二〇トンを越え、六〇口径、五〇ミリ砲装備の型においては二二トンに達した。これにともない機関出力も、はじ

三号戦車J型

めの二三〇PSから三〇〇PSに増加している。

最後の、そして最も大型のものが、七五ミリ砲装備の四号戦車である。

四号戦車は、実際には三号戦車より以前、一九三五年に試作が開始されたので、VK2001の試作名称で数種を設計した結果、選ばれた。クルップのデザインをもとにした中戦車である。

はじめのA型は重量一七・三トンで、機関として水冷一二気筒の二三〇PSガソリンエンジンを装備したため、最高速力は、毎時約三〇キロであった。

B型では、三二〇PSのHL120TRに換装し、出力増加をはかった。その結果、一号~三号と同等の、毎時四〇キロをうわまわる速力が得られた。

B型およびC型では車体銃ははずされ、砲塔に七五ミリと同軸装備の七・九二ミリMG一を持つのみだったが、D型に至り、ふたたび車体右前面にMG一をつけた。

主砲に関しては、A型からF一型までの諸型式では、砲身長二四口径の短砲身七五ミリ戦車砲が装備されたが、F二型に至り、砲身長四三口径の七五ミリ砲に換装された。一九四三年に

四号戦車G型

あらわれたH型においては、四八口径の長砲身砲が搭載されるに至った。

さらに戦争末期には、パンター戦車に装備された七〇口径の高初速七五ミリ砲に換装する計画もあったようだが、実現はしなかった。

ドイツ軍は、以上四種の戦車をもって戦闘の火ぶたを切ったのであるが、開戦時の戦車総数は一号戦車一四四五両、二号戦車一二二六両、三号戦車九八両、四号戦車二一一両、それに指揮用戦車二一五両の合計三一九五両だった。

対ポーランド戦の結果、攻撃力の微弱な一号、および二号戦車は有効でないことがわかり、生産の主力は、四二口径五〇ミリ砲装備の三号戦車にそそがれることになった。

この結果、一九四〇年四月のドイツ軍保有戦車数は、ほぼ開戦時と同水準の三三七九両ではあったが、内容的には三号戦車が三二九両、四号戦車が二八〇両に増加した。

また、三七ミリ砲装備のチェコ製三五（t）、および三八（t）三八一両が加わったため、きわめて有力なものになった。

ポーランド侵攻時、六個師団であった装甲師団数も一〇個師団に増加した。編成は各師団によりいくらかちがい、第一～第

ルノーFT

五と一〇装甲師団では、各二戦車大隊よりなる二戦車連隊を有しているのに対し、第九装甲師団では、一連隊二大隊、第六～八装甲師団では一連隊三大隊であった。

チェコ製三五（t）および三八（t）は、第六～第八の各装甲師団に配属された。

戦車の使用法を誤ったフランス軍

フランス戦車の歴史は非常に古く、英国のそれに匹敵している。すでに第一次大戦中、英国とはまったく別個に研究を開始し、シュナイダー、サンシャモン、ルノーFTなどの諸型式を戦場に送っている。

戦後、約三〇〇〇両のルノーFTをかかえたフランスは、軍事予算の削減も手伝い、かなりの長期にわたって新戦車が量産できない状態にあった。

事実、一九三六年夏におけるフランスの新型戦車保有量は、騎兵用として整備されているA・M・Rをのぞき、わずかに三四両という信ずべからざる小さな数字であった。

これら三四両の新戦車は、一九二六年の開発計画により試作された、四七ミリ砲装備のD-1、および車体前面に七五ミリ

ルノーR-35

砲を装備するB1であった。

D-1は世界最初の鋳鋼砲塔車として著名であり、一九三〇年に採用されて以来、合計一六〇両が生産されている。

B1ははじめ、一九～二〇トンの重量を目標としたが、一九二九年はじめ、試作車が完成してから、各所に改修を施したすえ、二五トンに増加し、さらに前面装甲を六〇ミリに増加したB1bisでは重量は三〇トンになった。

B型重戦車の改良は、なおもつづけられ、三五トンのB2、四五トンのB3、五〇トンのBBへと進み、さらに連合軍の反攻が功を奏した一九四五年には、シュナイダーの九〇ミリ高射砲を砲塔に装備するARL44へと発展した。

しかしながら、ドイツの軍備拡張は急速で、フランスもこれに対処する必要上、一九三五年に至り、数種の新戦車を開発し、軍機械化の方向にむかった。

これら一九三五年計画の新戦車中、最も量的に多数を占めるものがルノーR-35である。

R-35は重量一〇トンの軽戦車で、兵装として主砲塔に砲身長二一口径の三七ミリ戦車砲一を装備している。

R-35に酷似するものに、オチキスH-35があり、兵装は同様

オチキスH-39

だが、重量はいくらか重く一二トンになっている。両車とも全鋳鋼製で、車体は六ブロックよりなり、ボルトで簡単に組み立てられる。

両型の外見的な差異は、転輪数がルノーの五個に対し、オチキスが六個である点にあり、横型のコイルスプリングを使用し、三組のペアに転輪を配したH-35にくらべ、R-35では最前部が独立懸架になっている。

R-35は歩兵支援に用いられたのに対し、H-35は騎兵用として配属されたが、のちに歩兵用としても使用されている。

両車とも構造上からは極めて興味ある車体であるが、当時の鋳造技術水準では、良質の防弾鋳鋼の製作がむずかしかったため、防御力の面に弱点があった。

しかしながら、防弾鋳鋼を多面に採用した今日の戦車を見るにつけ、そのパイオニアとしての地位は高く評価されるべきものであった。

防御面とともに攻撃力においても、両車の装備するSA-18、三七ミリ砲は強力というにはほど遠かった。この砲はその名の示すように一九一八年に制式になったもので、古くルノーFTに装備されたものと同様であり、貫徹力に乏しかった。

ソミュアS-35

このため、のちに砲身長三三口径の三七ミリ砲に換装され、H-39、R-40と呼称された。

これとともに騎兵用として二〇トンのソミュアS-35が製作された。本車も全鋳鋼製で、時期的には、ルノー、オチキスより早く完成しており、かなりの防御力を持つと同時に、兵装として三四口径の四七ミリ戦車砲を装備した。当時の独軍戦車のうち、本車を撃破しえたのは、七五ミリ砲装備の四号戦車のみだったといわれている。

以上のほかにフランスでは、大戦末期より改良をつづけている重戦車2Cを少数保有していた。この重戦車は重量六八トンという大型なもので、はじめ三〇〇両が生産される予定であったが、実際に作られたのはわずかに一〇両だけだった。

のちにこれらのうちの一両が、その重砲を七五から一五五ミリに換装され、2Cbisと名づけられたが、試作のみにおわり、実用に供されなかった。

ところが当時、この2Cbisは3C超重戦車の名称で誤報され、あたかも大量に整備されているかのような印象を諸外国に与えたのである。

戦闘開始とともに2C戦車一大隊は、急ぎ前線にむかったが、ドイツ軍の速攻の前に、悲運にも特殊貨車で鉄路輸送中に攻撃を受け、戦闘することなく全滅してしまった。

しかし、たとえば前線に到着し、戦闘に参加しえたとしても、きわめて図体が大きく鈍重な本車では、独軍戦車の射撃のマト以外にはなりえなかったであろう。

ドイツ侵攻時、フランスは第一線に三五〇〇両の新鋭戦車を集結していたが、仏軍はその用法をあやまり、ドイツの軍門にくだった。

北アフリカ砂漠の英独戦車の激突

北アフリカ砂漠はスエズ運河をめざすドイツ軍と、これを阻止せんとする連合軍の間で、大規模な戦車対戦車の戦闘がおこなわれた地として、戦車史上忘れられぬ場所である。

名将ロンメルの率いるドイツ・アフリカ軍団を迎え撃つ英軍戦車は次のようなものである。

当時、英国では戦車設計にあたり、その使用目的により、歩兵戦車と巡航戦車の二つの系列を考えていた。

歩兵戦車はその名称のごとく、歩兵に直協し、これを支援するもので、速力は重視せず防御力に重点が置かれていた。最初

マチルダMk2

の歩兵戦車I型は、一九三六年に完成した。当時の英国も軍事予算はきわめて乏しく、そのため歩兵戦車I型の設計目標の第一は、低価格の重装甲車を製作することにあった。

かくて完成したI型は、前面装甲六五ミリという非常に厚い装甲を有してはいたが、速力は極めて遅く、わずかに毎時一二キロであった。また兵装としては、七・七ミリのヴィッカース機銃一を装備するのみだった。

予算面の緩和にともない、つぎに試作された歩兵戦車II型（マチルダ）は、より高性能なものとなった。主砲には四〇ミリ砲が採用され、装甲は、七八ミリに増強され、防御力の面では比類のないものとなった。

歩兵戦車III型（バレンタイン）は、機構的には後述する巡航戦車I～II型の系列と考えられる。重量はマチルダの二六トンにくらべ一七トンに減少したが、諸性能は良好であった。

初期の型式では、四〇ミリ砲が装備されていたが、後期のMk8～10では五七ミリに換装され、最終型のMk11では七五ミリ砲が採用されるに至った。

もう一方の型式、巡航戦車は機動力に重点をおいて設計されたもので、最初の型式、巡航戦車I型は一九三四年に設計をは

バレンタイン

じめ、一九三六年に完成した。

速力は歩兵戦車の毎時一二〜二〇キロに対して、毎時三五キロ以上の高速を発揮し、兵装はマチルダ、バレンタインと同じ四〇ミリ砲であった。

巡航戦車II型は、はじめ巡航戦車I型の歩兵戦車型として計画されたが、マチルダの完成により三〇ミリ程度の装甲では、歩兵戦車として区分されるべきものではないと考えられ、重巡航戦車として分類されるに至った。

両車は外見的にきわめて酷似しているが、I型では車体前方につけられた小銃塔が、II型では除去されているため、識別は容易である。

戦車の高速化には機関出力の増大もさることながら、その走行装置の良否が大きく関係する。

一九三六年、英軍は第一次大戦後はじめての視察団を、ソ連軍秋期大演習に送った。このとき、演習に参加したBT戦車の性能は、英軍視察団の眼をひくに十分なものがあった。

BT戦車は、もともと米国のクリスティー一九三一年型戦車二両を購入し、これをコピーしたものであったため、英軍はただちに米国に調査員を派遣し、その購入を折衝した。

クルセーダー

しかしながら、当時の米国は中立政策をとっており、武器の輸出を禁止していたため、英国はその車体のみをトラクターという名目で購入し、その懸架様式を自国巡航戦車に応用した。

クリスティー式懸架装置は、コイルスプリングとスイングレバーの併用による独立懸架の様式をとるもので、大型転輪の使用と相まって、優秀な走行性能を発揮した。これを採用した巡航戦車Ⅳ型は、毎時五〇キロに近い最高速力を記録した。

巡航戦車Ⅴ型コヴェナンター、巡航戦車Ⅵ型クルセーダーにも、同様の懸架装置が採用された。コヴェナンターは、英国内で練習用に使用されたのみで、実戦には参加しなかったが、クルセーダーは英軍の主力としてドイツ、アフリカ軍団をむこうにまわして激戦を演じた。

しかしながら、武装は依然、四〇ミリ砲であったため苦戦をまぬがれず、のちに五七ミリ砲に換装したＭｋ３が出現はしたものの、この時には独軍四号戦車は、四三口径の長砲身に換装され、三号戦車は六〇口径の五〇ミリ砲を装備した。

武装の弱小は、大戦全期間を通じ宿命的に英国戦車の背負った弱点であった。このため英軍は、つねに劣位に立たざるを得ず、戦争の後半を米国製戦車で戦う結果となった。

M3中戦車

米国より援助を受けた最初の戦車は、三七ミリ砲装備のM2A4軽戦車であったが、これは短時日のうちにM3軽戦車におきかえられ、後日さらにM5軽戦車へと移行した。

軽戦車系列以外で、最初に英軍に供与されたのはM3中戦車である。それ以前の米国中戦車M2は、主砲に三七ミリを採用していたが、当時、すでにドイツでは四号戦車に七五ミリ砲を採用しており、これに対抗するため、より高威力の火砲搭載が望まれた。

しかしながら、当時の米国は七五ミリクラス火砲の砲塔装備に未経験であったため、長時日を要する新砲塔設計をすて、T5E2中戦車で経験ずみの車体前面装備の方法で、短時間のうちに強力な新戦車を得る努力がなされた。

M3中戦車は、連合軍唯一の七五ミリ砲装備車として、初期の砂漠戦に活躍したが、車体前面に七五ミリ砲を装備する本車では、当然、その射界が局限され、戦車対戦車の運動戦に不利であることはあきらかだった。

そのため、M3完成直後、ひきつづき主砲塔に七五ミリ砲を搭載する中戦車の設計が開始され、T6中戦車が完成、のちにM4中戦車として制式になり、大量に整備されるに至った。

M4A3中戦車

その生産総数は四万九二三四両の多きに達し、戦車史上もっとも著名な戦車の一つに数えられている。

M4中戦車には、機関の相違によりM4A6までの諸型があるが、このうち、M4A5はカナダで製作され、RAMと称されたもので、米国本来の型式とはかなり相違している。

英軍は、これらM4中戦車の一部の七五ミリ砲を、自国製の長砲身一七ポンド（七六・二ミリ）に換装し、ファイアフライという名称をつけて使用した。この砲は貫徹力にすぐれ、対戦車戦闘にきわめて有効であった。

M3中戦車も、英国で、一部が砲塔を設計変更され、本来の型式をリー（Gen. Lee）と呼んだのに対して、グラント（Gen. Grant）と名づけられた。

M4中戦車は、大戦の後半を連合軍の主力戦車として戦いぬいたが、本型の最大の特長は、兵装とか装甲とかいう点とは別に、車両自体の信頼性とその数量にあったといえよう。

東部戦線におけるソ連戦車の活躍

一九四一年六月、独ソ不可侵条約を一方的に破棄し、ソ連国境をこえた独軍の前には、大量のソ連戦車が待ちうけていた。

M4A3 中戦車(米)	KV1 (ソ)	JS3 (ソ)	T34(A) (ソ)	歩兵戦車Ⅳ型 チャーチル (Mk7)(英)	巡航戦車Ⅵ型 クルセーダー (英)
33.0	43.5	46	26.3	40	19.7
5.92	6.80	6.65	5.90	7.45	6.29
2.60	3.35	3.05	3.00	3.45	2.64
2.96	2.75	2.24	2.45	2.75	2.24
0.40	0.52	0.45	0.38	—	0.40
3.74	4.42	4.30	3.71	—	—
0.41	—	—	—	0.36	0.247
水冷8気筒 V型ガソリン	水冷12気筒 V型ディーゼル	同左	同左	—	水冷12気筒 V型ガソリン
450HP/2600 r.p.m	550HP/2150 r.p.m	同左	550HP/1800 r.p.m	350HP/	345HP/1500 r.p.m
665	—	500	—	36ガロン	500+136
105	60+25	200	45	152	51
75mm×1	76.2mm	122mm	76.2mm	75mm×1	57mm×1
7.62mm×2 12.65mm×1	7.62mm×3	7.62mm×1 12.7mm×1	7.62mm×2	—	7.92mm×1
5	5	4	4	5	3
45	35	37	53	20	60
160	250	240	450	150	180
31°	—	36°	35°	—	30°
1.83	2.80	2.50	2.80	—	2.50
0.70	0.90	1.00	0.90	—	0.80
0.69	1.45	1.30	1.10	—	0.85

世界の傑作戦車主要目一覧表

	三号戦車(J)(独)	四号戦車(H)(独)	パンター(A)(独)	ティーガー(E)(独)	M5A1軽戦車(米)
全備重量(t)	22.3	25.0	45.5	55	14.7
全長(m)	5.41	5.89	6.88	6.20	4.94
全幅(m)	2.92	3.29	3.43	3.54	2.26
全高(m)	2.51	2.60	2.97	2.88	2.42
最低部地上高(m)	0.41	0.40	0.54	0.47	0.42
接地長	2.86	3.52	3.92	3.61	3.03
履帯幅	0.38	0.40	0.66	0.725	0.295
発動機型式・数	水冷12気筒V型ガソリン	同左	同左	同左	水冷8気筒V型ガソリン2基
出力／回転数	300HP/3000r.p.m	同左	700HP/3000r.p.m	同左	125HP×2/3500r.p.m
燃料槽容量(ℓ)	318	477	730	535	338
装甲厚(mm)	53	85	120	102	55
火砲	50mm	75mm	75mm	88mm	37mm×1
機銃	7.9mm×2	7.9mm×2	7.9mm×2	7.9mm×2	7.62mm×2
人員	5	5	5	5	4
最大速力(km/時)	45	40	46	38	64
航続力(km)	175	200	200	117	257
登坂能力	35°	30°	35°	35°	31°
超壕能力(m)	2.59	2.35	1.90	1.80	1.83
超堤能力(m)	0.61	0.61	0.80	0.79	0.62
徒渉水深(m)	0.84	1.20	1.70	1.20	0.82

BT7

しかしながら、これらの多くは旧式のT26およびBTで、加うるに整備状態はきわめて悪かった。そのため、当時、無敵を誇るドイツ戦車の前にはまったく抗しえず、じつに二万両の多きを失う結果となった。

しかし、この時には、すでにこれらにかわる新型戦車として、中戦車T34、および重戦車KV（ソ連名KB＝カー・ヴェー＝クリメンティ・ヴォロシロフ）1が完成しており、第一線に配属されつつあった。

事実、KVの原型はすでに一九三九年〜一九四〇年の冬期、対フィンランド戦に登場しており、ドイツ侵入時には約五〇〇両が国境に整備されていた。

KVは、SMKおよびT100と同時期に試作された重戦車で、これら二型式がT35の流れをくむ多砲塔装備車であったのに対し、単一砲塔型として誕生、KV1として制式化されたものである。

主砲には砲身長三〇・五口径の七六・二ミリ砲が装備され、前面装甲は七五ミリに達し、独軍の装備する三七ミリ対戦車砲（PAK35〜36）を完全に阻止できた。

同時に、おなじ車体に一五二ミリ榴弾砲を装備する巨大な砲

T34／85

塔を搭載したKV2も少数生産されたが、開戦後、その生産は中止されている。

　中戦車T34に関しては、語る必要のないほど著名なものであるが、本車は系列的にはBTの発達型とみるべきであり、そのBTの基本となったのは、ほかならぬ資本主義の総本山アメリカで製作されたクリスティー一九三一年型戦車（T3中戦車）なのだから面白い。

　クリスティー戦車の諸型は、発表当時、そのずばぬけた高速性により世界の注目を集めた。

　とくにその独立懸架式の走行機構は高く評価され、現代のT54に至るまでのソ連中戦車系列のすべて、英国の巡航戦車Ⅲ型よりコメットにいたる巡航戦車の諸型に採用された。しかし、米軍では、ついに陽の目を見ずにおわってしまった。

　T34もこの特長を十分に採り入れると同時に、主砲としてKV重戦車に装備したのと同じ三〇・五口径の七五ミリ砲を搭載し、車体形状に曲面を与え、攻防両面にすぐれる、画期的な戦車として登場したのである。

　T34は、さらにその主砲をはじめの三〇・五口径のものから、より長砲身の四一・五口径砲に換装し、四号戦車をはじめとす

エレファント

るドイツ戦車群に対し、まったくの優位に立った。
このため独軍は、その対抗手段として急ぎ四号戦車の主砲を二四口径から四三口径の長砲身砲にかえて、これにあたるとともに、より強力な新戦車の開発を目論んだのである。

技術面から見たドイツ戦車史

この新戦車は、重量約三〇トンの中戦車および重量約四五トンの重戦車であり、重戦車に関してはポルシェおよびヘンシェルが試作を担当、中戦車はダイムラー・ベンツおよびマンが設計にあたった。

重戦車に関し、ヘンシェルでは、それまでに数種の試作車を製作していたが、いずれも整備されるまでに至らず、新たな重戦車は八八ミリ砲を搭載すべく、VK4501（H）の名称で試作を開始した。

ポルシェも同じく、VK4501（P）の名称で試作を行ない、両型は一九四二年春に完成、比較検討の結果、ヘンシェルの設計がえらばれ、六号戦車ティーガーと命名された。

ポルシェ設計のものも一部を改良し、駆逐戦車として使用されることになり、エレファントと命名され、九〇両が生産され

パンターD型

た。

ティーガーに採用した八八ミリ砲は、高射砲から発達したもので、対空射撃はもとより、水平射撃により対戦車攻撃にきわめて有効であったため、戦車砲とし、これを採用することは至当なものであった。

一方、ダイムラー・ベンツおよびマンの二社で設計された中戦車には、砲身長七〇口径の七五ミリ戦車砲が装備されることになった。

試作期間を短縮させる必要上、両車は図面上で検討されたが、一九四二年五月に至り、マンの設計が採用されることになった。これが五号戦車パンターで、量産型ではその重量は四五トンに増加した。

パンターの各型は合計六〇〇〇両以上が生産され、大戦後期のドイツ主力戦車として、ヨーロッパ全域で活躍した。

ティーガーの生産は一九四二年末よりおこなわれ、同年中に七八両が完成したのをはじめに、合計一三四八両が生産された。しかし、一九四四年八月をもって生産は打ちきられた。

これは、より強力な七一口径の長砲身八八ミリをもつティーガーII型の出現によるもので、その重量は約七〇トンに達し、大戦中の最強戦車の一つであった。

これら新戦車群に加え、独軍は旧型の戦車を基礎として、各種の自走砲を製作し、戦場に送ったのである。

新戦車の出現により、独軍は一時的に質的優位をとりもどしたが、ソ連軍はＴ34の七六・二ミリ砲をティーガーⅠ型の八八ミリ砲に比肩し得る八五ミリ砲に換装し、これをもって独軍に対抗した。

また、重戦車については、ＫＶ１の主砲を同じく八五ミリに換装したＫＶ85を第一線に送るとともに、さらにこれをもとにして新重戦車の開発を行ない、一二二ミリ砲装備のＪＳ２を完成させた。

このような大口径砲を装備し、さらに装甲も前面一〇五ミリというＫＶ以上の重装甲を施したにもかかわらず、重量的には、かえってこれを下まわる四六トンにおさえ得たことは、本車の優秀性を示す大きな証拠であろう。

ＪＳ２はその後、さらに形状をととのえ、ＪＳ３に発達した。その本車の形状はほとんど理想的なもので、全面に曲面を応用して防御力の向上につとめ、戦後の諸外国における戦車設計思想に大きな影響を与えた。

チャーチルMk3

WWII末期の英米戦車群

西部戦線の連合軍戦車は、量的にはM4中戦車が中心であったが、それ以外にも長足の進歩をとげつつあった。

一九四一年、英国はバレンタインにつづく歩兵戦車として、IV型チャーチルを製作した。

チャーチルMk1は、主砲塔に四〇ミリ砲を装備し、車体前面に七五ミリ榴弾砲を搭載するという、米国のM3中戦車と近似の様式を採用した。しかし、のちに車体砲ははずされ、Mk3に至って、主砲は五七ミリ砲に換装された。

戦争中期からはさらに全面的に改良を加え、七五ミリ戦車砲を装備するMk7が主力となったが、強力な防御力を持つ半面、武装にかんしては依然ドイツに一歩遅れていた。

本車は車幅の関係で、大型砲塔を装備できなかったため、のちにこれを一まわり大型化し、強力な一七ポンド砲（七六・二ミリ）を装備するブラックプリンスが試作されたが、数両製作したのみにおわった。

巡航戦車の系列に関しては、クルセーダーにひきつづき、クロムウェルが開発された。

クロムウェルMk8

初めの五七ミリ砲にかわり、チャーチルと同様、後期の型式では七五ミリ砲が採用されたが、一七ポンド砲（七六・二ミリ）は搭載不可能であったため、クロムウェルを基礎として、チャレンジャーが試作されるに至った。

米国においても、戦訓をとり入れた新型戦車の開発がつづけられ、それまで使用されていたM5軽戦車にかわり、七五ミリ砲装備のM24軽戦車が大戦末期に登場した。

M24の最大特長はその主砲にある。それまでのM5軽戦車の三七ミリ砲から、一挙に七五ミリに進んだのだが、これは注目に値するものであった。

この砲は、もともと航空機搭載用として設計されたもので、原型はノースアメリカンB25に装備されていたが、軽量で後座長の小さいという特長は、戦車砲としても理想的なもので、M24完成の大きな基礎となった。

懸架装置には、それまでのコイルスプリングにかわり、トーションバーが採用された。この方式はドイツがはじめて三号戦車に用いたもので、ソ連もKV1以降の重戦車系列にこれを採用していたが、米国で制式戦車に使われたのはM24がはじめてであった。

M26パーシング

中戦車の系列も種々の試作がおこなわれ、一九四二年に設計されたT20には、長砲身の七六・二ミリ砲が採用された。この系列は最終的のT20E3において、はじめてトーションバーサスペンションを採用している。

中戦車の試作は、さらにT23にひきつがれ、機構的に興味あるものとなったが、試作だけにおわった。

米軍は重戦車としてすでに開戦直前、七六ミリ砲を装備するM6を完成していたが、輸送問題などに関連して、大量整備するに至らなかった。

しかしながら、ドイツ重戦車の異常な発達は、大口径砲装備車の必要性を米国に与えたため、九〇ミリ砲装備の重戦車の開発が望まれ、T25をへてT26が完成した。

この試作車は主砲として砲身長七〇口径の九〇ミリ砲T54を装備していたが、のちにこれを五〇口径のM3に改め、M26として制式に採用されるに至ったのである。

はじめM26は、重戦車として区分され、パーシングの名称が与えられたが、戦後は中戦車として扱われるようになり、有名なパットン戦車シリーズの原型になっている。

M26はM24と同様、大戦の最終段階にヨーロッパの戦場にその姿をあらわし、潰滅直前のドイツに最後の打撃をあたえた。

とくにその九〇ミリ砲の威力はすばらしいものがあり、当時出現した、いかなるドイツ戦車をも撃破しえたという。

ドイツはこれに対しティーガー、パンターにかわる数種の新戦車の設計を開始していたが、時すでに遅く、重量一四〇トン、一二八ミリ砲装備のE100が、半ば完成したのみで終戦を迎えた。

第一次世界大戦に誕生した戦車は、このように第二次大戦時に急速な進歩をみた。

そして、大戦の終結とともに、戦車は戦後の円熟期を迎えるのである。

史上最強兵器「重戦車」の時代

第3章
2

竹内　昭

■武装と装甲を重視した鉄壁車両
機動力を捨て、敵戦車を一撃で打ち破る能力にかけた怪物

第一号はフランスの「1A」型

第二次大戦はまさに重戦車の時代だった。特にヨーロッパの東部戦線では、ソ連、ドイツの優秀な戦車がつぎつぎに現われ、それらは日を追って強力なものに進化していった。

ドイツ戦車を例にとれば、開戦時、一番大型の四号戦車が砲身長二四口径の七五ミリ戦車砲を搭載し重量約二〇トンだったものが、終戦時には砲身長七一口径の八八ミリ砲をつみ、重量七〇トンにおよぶティーガーII型が部隊に配備され、一八〇トンの超重戦車マウスや、一四〇トンのE100などの試作さえ行なわれたのである。これらがどのように発展して行ったかを、重戦車を中心に見ていこう。

野球では、打撃力、守備力、走力の三拍子が揃っていないと名選手とはいわれないように、傑作戦車といわれるためには、同じような三つの要件が備わっていなければならない。

独ソ戦初期から活躍したKV1。1943年、ルールワース砲兵学校の車輛。

つまり「相手の戦車の装甲（あるいは攻撃目標）を一撃のもとに撃ち破れる強力な武装（打撃力）と、敵の攻撃を防ぐ分厚い装甲（防御力＝守備）をもち、かつ、軽快な機動力（走力）を持つ」ことが、名戦車の必須条件なのである。

互いに矛盾する、この三つの要素をバランスさせることはなかなか難しい。重戦車は武装と装甲に重点を置き、機動力は従的に考え、野球マンガの世界でいえば、「ドカベン」のような選手にたとえることができるだろう。

ただ「重戦車」というのは非常に概念的なものであって、その時代時代で流動している

ことをご記憶いただきたい。

一九一六年九月十五日、世界最初のマークI戦車が初めてソンムの戦場に出現したころは、まだ戦車を重量で区分するという考え方はなく、武装のちがいで、五七ミリ砲を装備する戦車を雄型、機関銃を装備する戦車を雌型と呼んで区分していた。

軽戦車、中戦車、重戦車といった重量での区分は、それからしばらくして、A型中戦車（ホイペット）が作られたときに出てきたが、その時代あるいは国によって基準が一定しておらず、かなり観念的なものであった。

A型中戦車は重量一四トンで、当時の英国戦車は一〇トン未満を軽戦車、二〇トン未満を中戦車、二〇トン以上を重戦車としたように見えるが、マークIから始まる菱形戦車が正式に「重戦車」と呼ばれることは遂になかった。

初めて「重戦車」と正式に呼ばれたのは一九一六年十月に発注され、翌一九一七年十二月に試作車が完成したフランスの1A型重戦車ではないだろうか。一両だけの試作で、戦後、重量六八トンの2C重戦車系列へと発展する。2C型重戦車は、七五ミリ主砲塔のほかに、後部に銃塔を持つ、世界初の二砲塔式戦車であった。

注目の英「インデペンデント」

シャール2C。第51突撃戦車大隊所属の指揮戦車である。

第一次大戦が終わり平和な日々の到来と同時に、各国とも軍縮の波が押し寄せ、軍備予算は極限まで圧縮されるようになったが、その中にあってひときわ目をひく重戦車が英国で開発された。一九三五年に開発されたこの戦車には「インデペンデント（独立戦車）」という名前がつけられ、その後の約一〇年間、世界各国の戦車に大きく影響を与えることになる。

この戦車の特徴は、多数の砲塔を持っていることで、中央の主砲塔に三ポンド速射砲をそなえ、この周囲に四個の銃塔を置くという、ちょうどサイコロの五の目のようなデザインであった。一両の試作ではあったが、この多砲塔の思想は特にソ連の重戦車設計に強く影響し、T35、SMK、T100など、KV1以前のほとんど総てが多砲塔型になってしまうほど徹底的なものであった。

第二次大戦前夜、「重戦車」を持っていた国は意外に少ない。

アメリカ……無し、イギリス……無し、イタリア……無し、ドイツ……無し、フランス……B1bis、2C、2Cbis、日本……九五式重戦車といった状況で、これにソビエトの重戦車群、Ｔ35、ＳＭＫ（ソ連名ＣＭＫ＝エス・エム・カー）、Ｔ100などがくわわる程度である。

しかもソ連のＴ35とフランスのＢ1ｂｉｓをのぞけば、試作程度の数量しか作られていない。ちなみにＴ35は六一両生産されたが、日本の三砲塔型九五式重戦車はわずか四両、フランスの2Ｃ重戦車は六両、ソ連のＳＭＫは一両のみであった。

英国が1935年に製作、各国に影響を与えたインデペンデント。

そして2Ｃ重戦車は一九四〇年、侵攻するドイツ軍を迎え撃つべき専用の特殊鉄道車両に乗せられ前線に送られる途中、敵機の攻撃を受けて、この型式の全戦車が一時に破壊されてしまったのである。一九四一年、独ソ戦が始まった時、ソ連軍はその他の世界中の諸国が保有する総合計よりも多い戦車を装備していたが、ドイツ軍の新鋭四号戦車、三号戦車を中心とする機甲部隊の前にもろくも潰え、ほとんど壊滅状態になった。モスクワの軍事パレードでは威容を誇った多砲塔のＴ35重戦車も、実戦では全く役にたたなかった。

だがこれは半面、ソ連軍にとって、多種類の型式が存在したため整備、維持にも問題が多く、稼動性が低かった旧式戦車群を一掃し、Ｔ34、ＫＶの新戦車に一挙に装備を切り替えるチャンスにもなった。

第二次大戦の開始前後から、歩兵進撃の支援という、それまでの戦車の任務が、大きく変わってきた。機動力、攻撃力、防御力を持つ戦車は地上軍の進撃の中核として主役の地位を獲得し、また、その進撃を阻止する対抗手段としても、戦車がベストであるという考え方が主流となり、戦車は日を追って大型化し、強力な怪物になっていった。そうした意味で、第二次大戦は重戦車の時代ともいえるのである。この時代、各国がどのように重戦車開発にしのぎを削り、より強力な重戦車を作り出していったかを見て行こう。

KV1の恐るべきパワー

第二次大戦初頭、電撃的なスピードでヨーロッパの戦場を進撃していったドイツ軍戦車に、初めて「待った」をかけたのはソ連軍の新戦車T34とKV1だった。中戦車のT34は重量約二六トン、重戦車のKV1は約四六トンで、両型式とも新しい長砲身（三〇・五口径）の七六・二ミリ砲を搭載していた。KV1は武装こそT34と同じだったが、装甲は当時としては最強で、ドイツ軍の対戦車砲でもなかなか撃破できなかった。

たった一台のKV戦車がドイツ軍の進路を阻み、各種の火砲にびくともせず、ドイツ軍の切り札、八八ミリ砲の直撃にもよく耐え、長時間にわたっての封鎖に成功した話は、この戦車の強靱性を示す例として有名だ。

KV重戦車の量産は一九四〇年末期から始まり、その年の終わりまでに二四四両生産されている。このうち一四一両がKV1、一〇二両がKV2だった。KV2は巨大な一五二ミリ砲塔を持つ砲戦車で、KV1とは違う性格の戦車である。そして独ソ戦開始の一九四一年六月二十二日までには七〇〇両を超えるKVが生産され、うち五〇八両が部隊に配備されていた。

当時のドイツ軍はこれに匹敵する重戦車を持っていなかった。最大重量の四号戦車でさえ約二〇トンで、装甲もまだ三〇ミリしかなく、七五ミリ砲を装備してはいたが、砲身長は二四口径で、射撃距離五〇〇メートルで五五ミリ厚の装甲を撃ち抜くのがやっとという実力だった。三号戦車は当初の三七ミリ砲を砲身長四二口径の五〇ミリ砲に替えていたが、これもまた五〇〇メートルの射距離で六三ミリが限界だった。ということは、実質的にKV型重戦車を正面から撃破できる戦車をドイツ軍は持っていなかったということである。

一九四一年八月十九日、レニングラード近郊でコボバノフ小隊長の指揮する四両のKV1重戦車は進撃中のドイツ戦車群を発見、ただちに攻撃を開始して先頭の二両を撃破、さらに敵中に突入し、コボバノフ自身は二両のドイツ戦車を血祭りにあげ、他の小隊車も合計一六両撃破という戦果をあげている。この間、彼の戦車は一三五発の敵弾をあびたが、行動に別状はなかったという。

また、同年十月、モスクワに接近したドイツ軍に対し、パベル・グーツ中尉が指揮する第89独立戦車大隊所属のKV1重戦車一両は、ヴォロコラムスキー付近で一〇両のドイツ戦車を撃破し、その間二九発の敵弾が命中したが、同車に損害はなかった。

これらは、独ソ戦開始から翌一九四二年初頭まで、いかにKV重戦車が無敵な存在であったかを示す好例といえるだろう。ドイツ軍戦車の戦闘記録を見ても、後方三〇〜五〇メートルの至近距離から特殊徹甲弾で射撃した場合にのみ、破壊できる可能性があるとしていた。

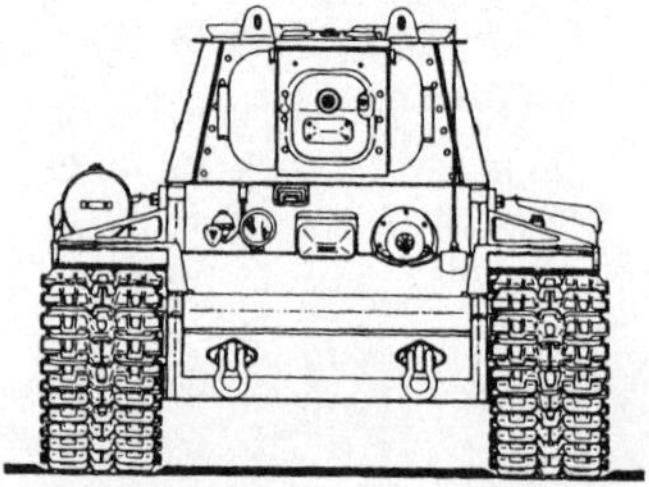

KV1重戦車 溶接砲塔型(ソ連)

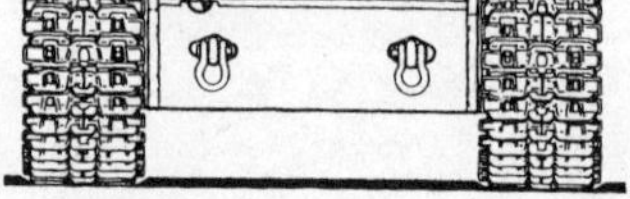

作図／村松 明

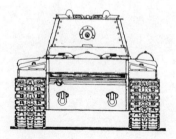

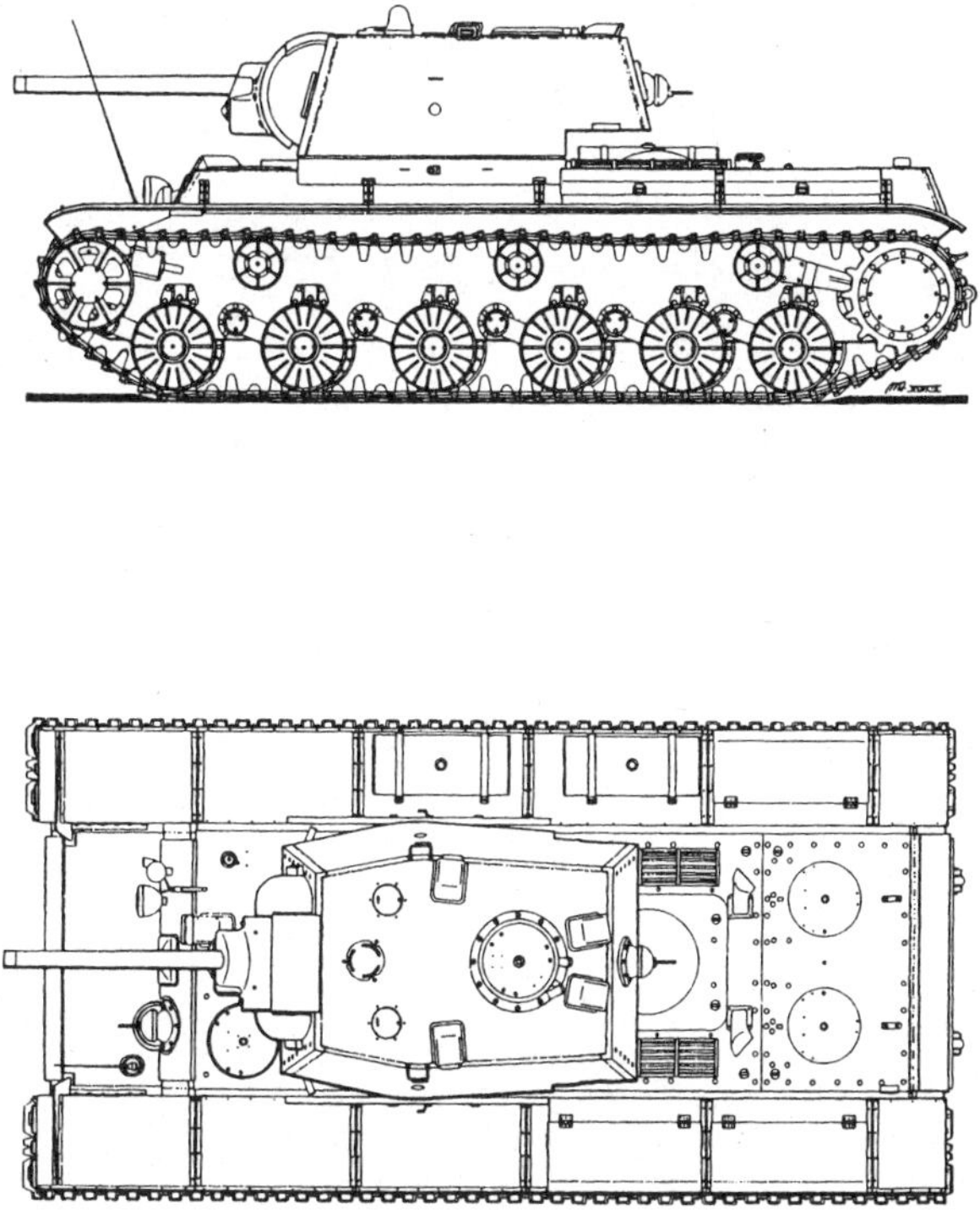

これに対してドイツ軍も手をこまねいていたわけではない。まず第一は、使用中の三号戦車、四号戦車の武装を強化することだった。三号戦車は、より長砲身高初速の六〇口径五〇ミリ砲に換装され、射距離五〇〇メートルで七五ミリの装甲板を撃ち抜けるようになり、四号戦車は砲身長四三口径の七五ミリ砲を搭載するF2型、G型が出現し、さらに一九四三年には強力な四八口径七五ミリ砲を持つH型が完成、一〇〇〇メートルから一一七ミリの貫徹が可能になった。

だが、ドイツのKV戦車に対する本格的回答は、まったく別に準備されていた。それが重戦車の代名詞ともいえるほど有名な、「ティーガー」である。もともと高射砲だった八八ミリ砲を対戦車用に使い大きな戦果をあげていたドイツが、新重戦車の武装としてこれを見逃すはずがなかった。

最大厚一一〇ミリという重装甲にまもられ、重戦車ティーガーは戦場の王者の地位をKVから奪い返したのである。そして一三八両の敵戦車を撃破した有名なミヒェル・ヴィットマンSS大尉をはじめとして、数々の戦車エースを生みだした。

他を圧倒するスターリン戦車

KVの弱点は攻撃力だった。中戦車T34にくらべ重量的には倍近いため、装甲が厚いのはもちろんだが武装はまったく同じで、この点が非常に物足らなかったのである。もちろん、同じ七六・二ミリでも四一・二口径の新型に変えられたり、エクラナミと呼ばれる増加装甲型なども作られ、一九四一年型、一九四二年型、KV1Sと改良されていったが、このまま

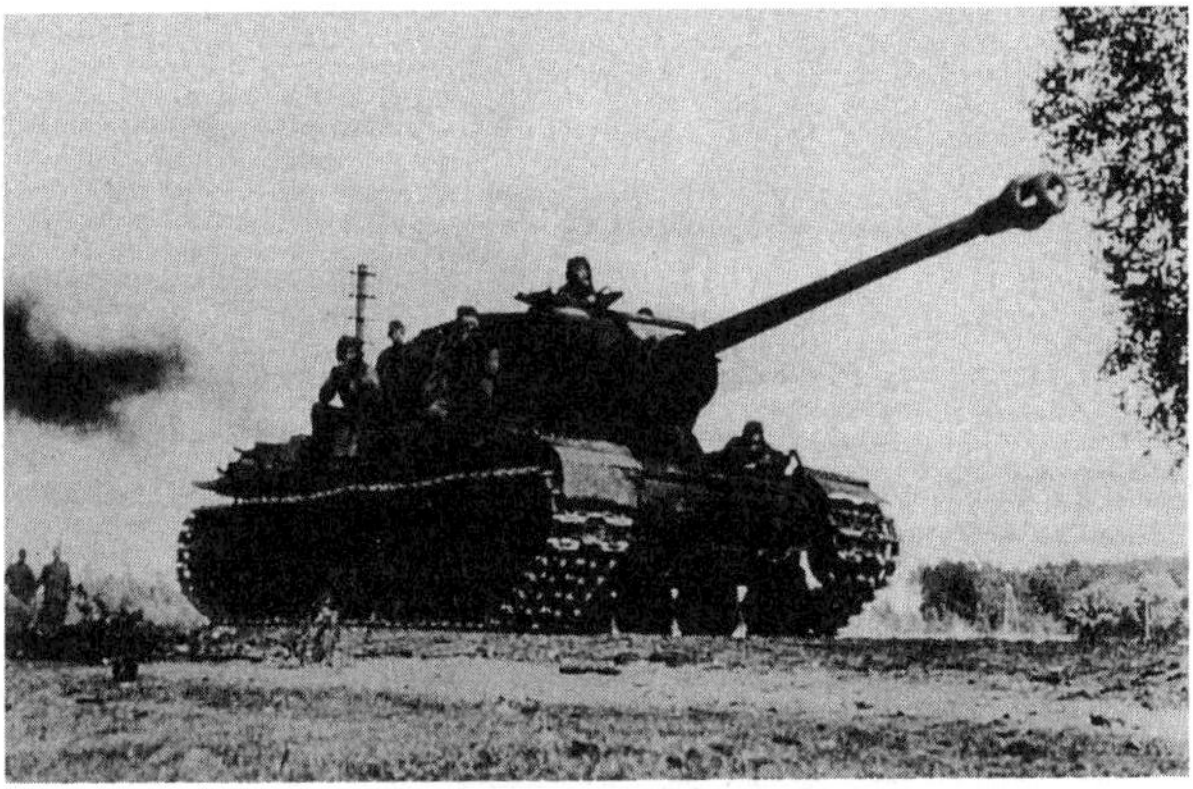

ティーガーⅠ型よりも軽量で小型なJS2。弾数が少ない欠点があった。

ではドイツの重戦車に対抗できなくなっていた。オビエクト220、224、225などの新型重戦車が計画され、三者はそれぞれＫＶ3、ＫＶ4、ＫＶ5と呼ばれるようになる。そして、ＫＶ3には八五ミリ砲、ＫＶ4、5には一〇七ミリ砲が装備される計画だった。

重量九二トンのＫＶ4は前面一三〇ミリ、側面一二五ミリの重装甲が予定され、一五〇トンのＫＶ5にいたっては、前面一七〇～一八〇ミリ、側面でも一五〇ミリという狂気じみた計画で、二〇種類以上の提案がなされたというが、これらが計画だけに留まったことはいうまでもあるまい。

開戦当初の混乱も徐々におさまり、一九四二年に入った段階では戦車の量産体制は完全に整えられていた。一九四二年春、ソ連軍はより強力な重戦車の要求を初めて提示した。武装として選ばれたのは砲身長五一・五口径の八五ミリ砲Ｄ5-Ｔである。

新設計の鋳造砲塔を、すでに開発済みのＫＶ13

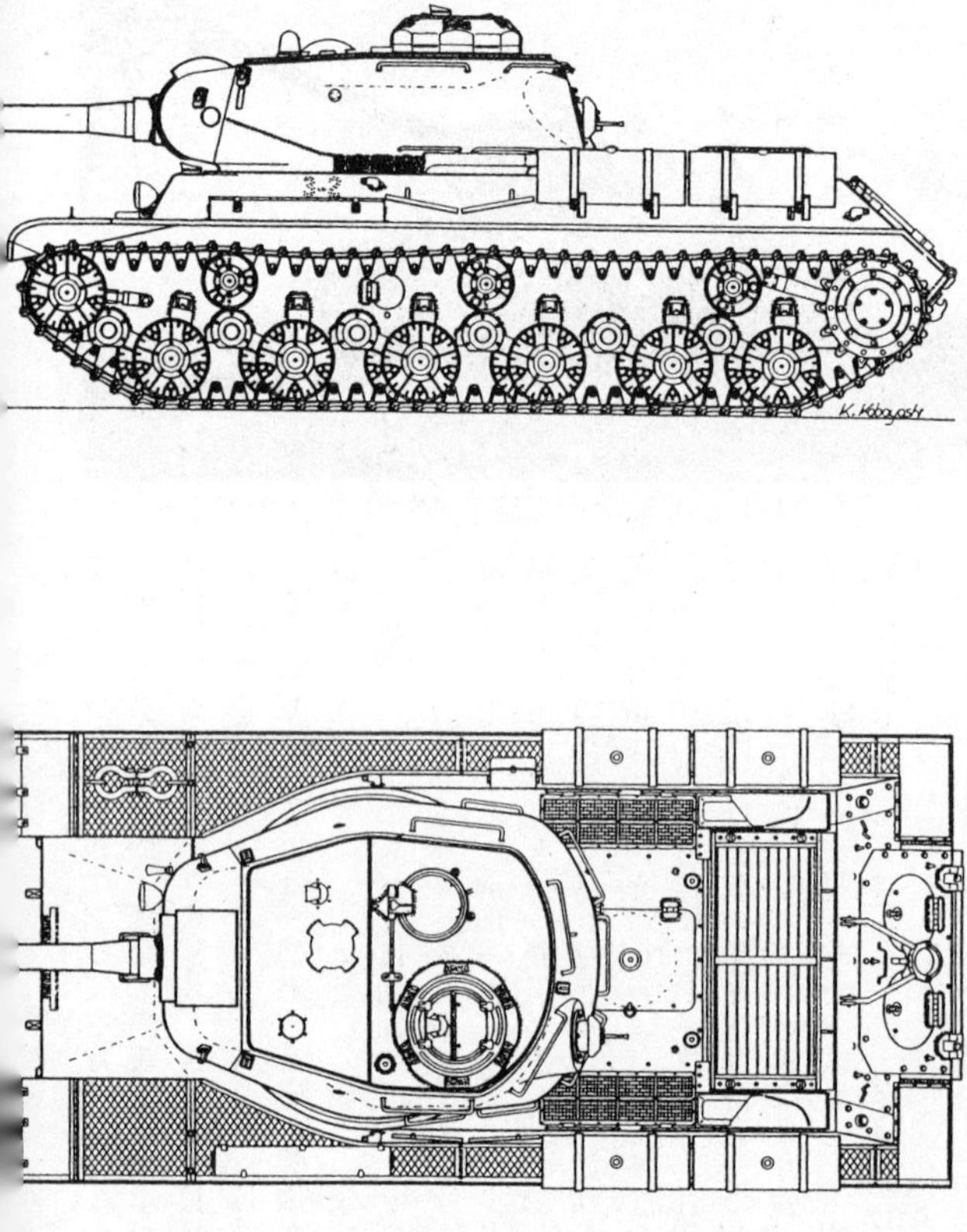

作図／小林克美

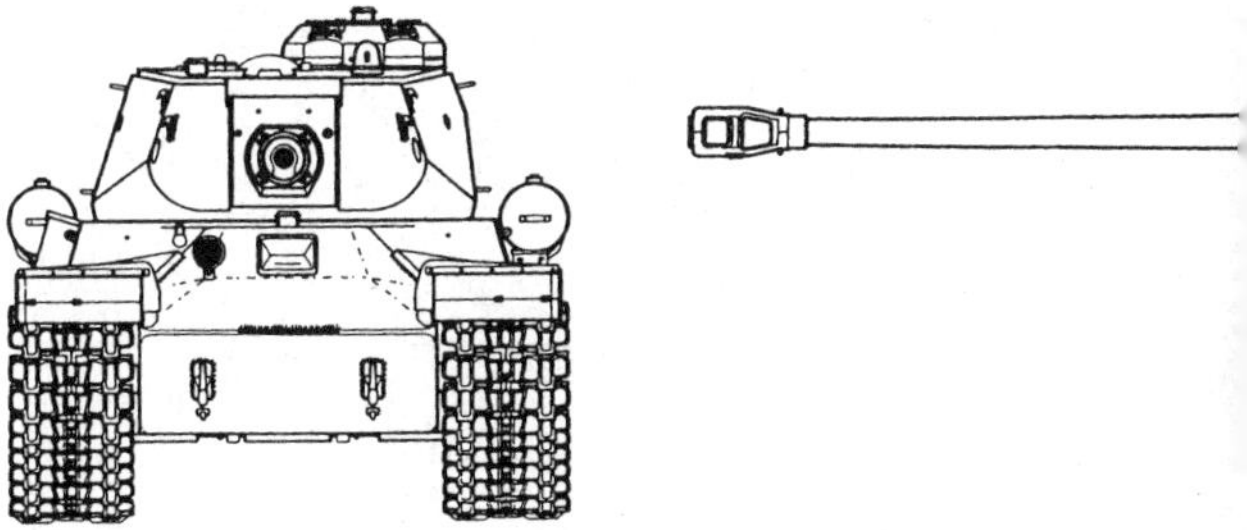

JS2重戦車（ソ連）

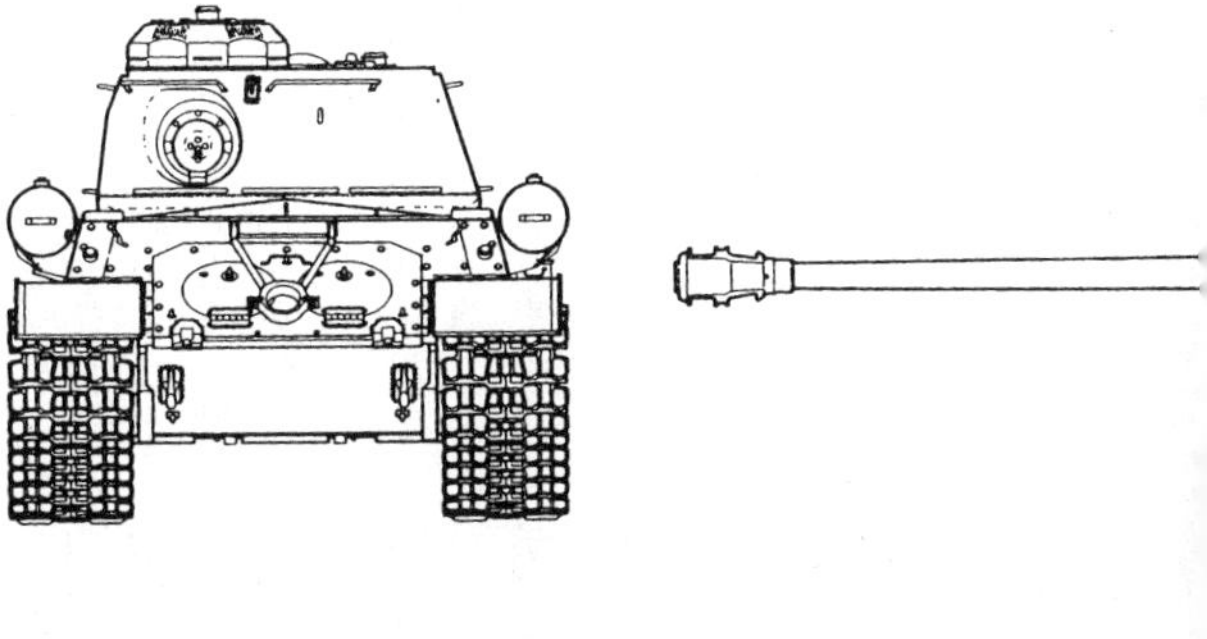

の車体に組み合わせ、完成した戦車にはKVとは違う新しい名称として、その当時の首相スターリンにちなむ、JS(ソ連名NC=イ・エス=ヨセフ・スターリン)が与えられた。

JS系重戦車が実用化されるまでの間隙は、KV1Sをベースとして八五ミリ砲を搭載できるように設計を変更したKV85が埋めた。最初の試作JS系重戦車も八五ミリ砲を装備したが、新戦車の車体には充分の余裕があり、またT34中戦車にも八五ミリ砲が採用される方向になったため、武装の再検討が行なわれ、最終的に一二二ミリ砲が選択され、誕生したのがJS2であった。

JS2が実戦に投入され、初めてティーガーI型重戦車と出会ったのは、一九四四年四月にタルノポル付近で、チガノフ大佐指揮のソ連軍第11独立近衛戦車連隊と、ドイツ第503重戦車大隊の間で行なわれた戦闘においてであった。このときJS2重戦車の一両が破壊されたが、ドイツ軍は短時間で撤退したため、このトロフィーを回収できなかった。

このころ、ソ連の重戦車隊員の練度はあまり高くなく、また戦車の数も少なかったが、徐々に生産量も増え、キーロフの戦車工場だけでも一九四四年第一/四半期に二五〇両だったのが、最終/四半期には七五〇両にまで増大し、この年、合計二二五〇両が作り出されている。JS2の相手はティーガーIとパンターで、イメージ的にはティーガーIに比較される場合が多い。

だが、JS2は重量的にはむしろパンターと同等で、コンパクトで軽くまとめられている。ティーガーIの五五トンに対してJS2は四六トン、パンターA型は四五・五トンで、また寸法的にもパンターより小型なのである。この辺にスターリン戦車が名声を轟かせた秘密がありそうだ。では、この三種類の戦車の諸元比較をしてみよう。

くらべてみればわかる三車種

車体長がティーガーIが最小なのを除けば、その他の寸法はJS2が一番小さい。特に高さが低いことは注目すべきである。ティーガーIより一〇センチ以上、パンターにくらべれば三五センチ以上も低い。反面装甲は一番厚いのだ。この稿の初めに戦車の三要素について書いたが、威力の大きな砲をつめば車体は大きくなり、敵弾に当たりやすくなる。それに充分な装甲を施せば重量はどんどん重くなって、機動性が低下してしまう。

だがJS2が小さな軽い車体に大きな火砲をつんで、しかも分厚い装甲を持っているということは、この戦車の設計がいかに素晴らしいかを、はっきりと物語っているのである。

だが、そのような矛盾した要件を、ソ連の戦車設計者はどのように克服していったのだろうか。小型、重武装、重装甲のJS2が成り立つ背景として、犠牲にされた部分があるのはむしろ当然なことである。その犠牲の一つに、JS2の携行弾薬数が非常に少ない、ということがある。

通常、戦車は五〇発前後の主砲弾薬を持っているが、JS2の場合は約半分の二八発しか搭載できない。この犠牲の上にJS重戦車の設計は成り立っているのである。一二二ミリ砲の威力は非常に大きい。ただ、二八発ということは、良好な補給手段がないかぎり、戦場に長く留まれないことを意味しており、そしてそれは戦車兵にとって大きな心理的不安となってのしかかってくる。しかも一二二ミリ砲弾は重量が大きくなるため分離薬筒式としたので

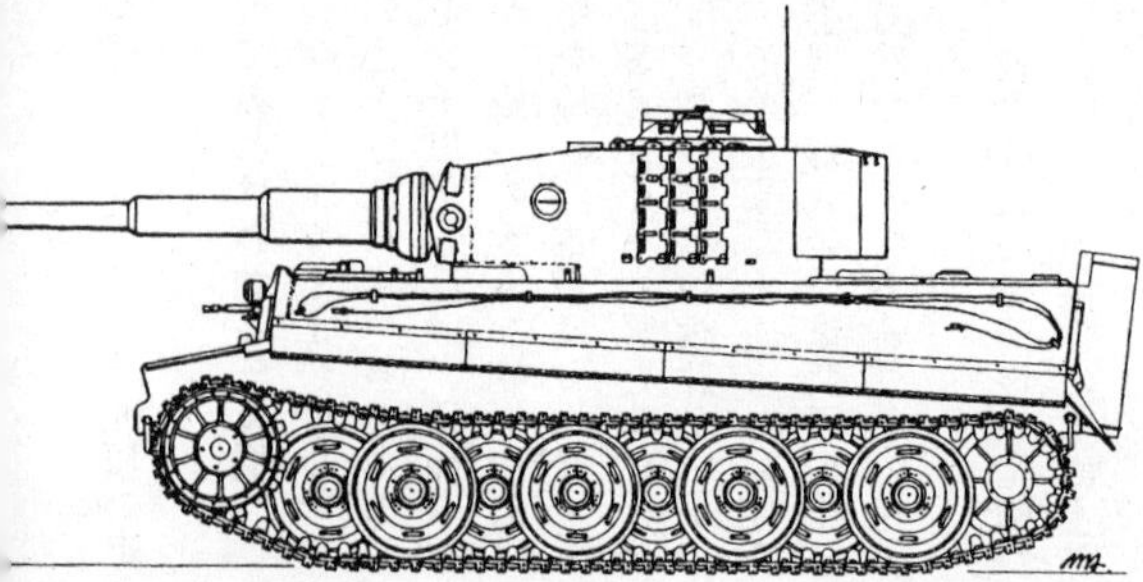

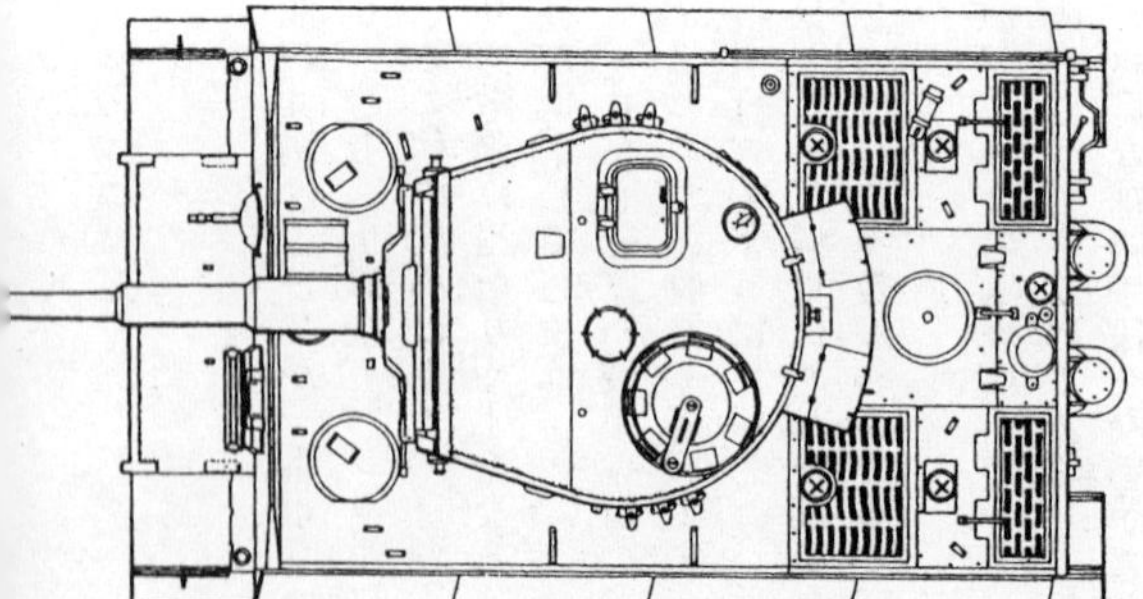

作図／村松 明

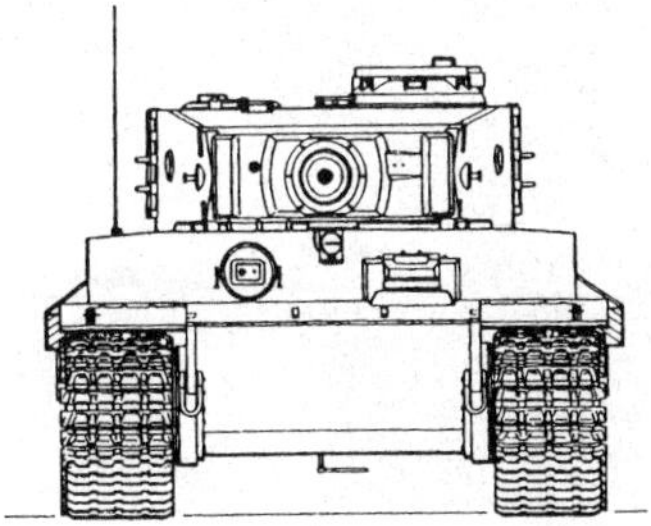

ティーガーI 後期型（ドイツ）

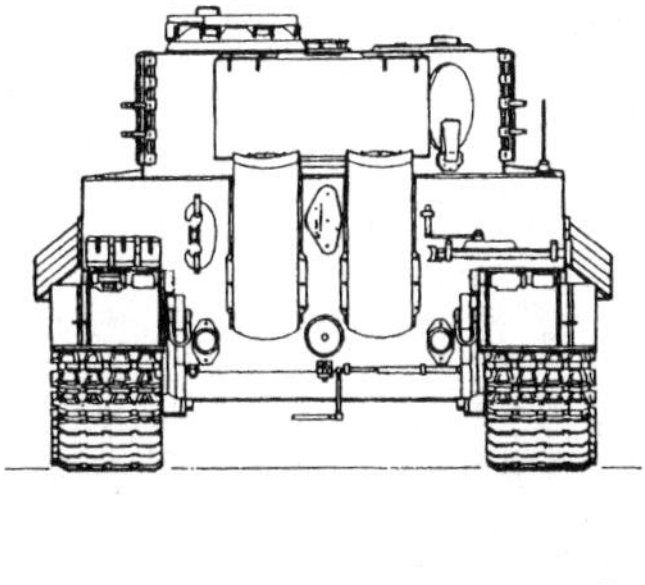

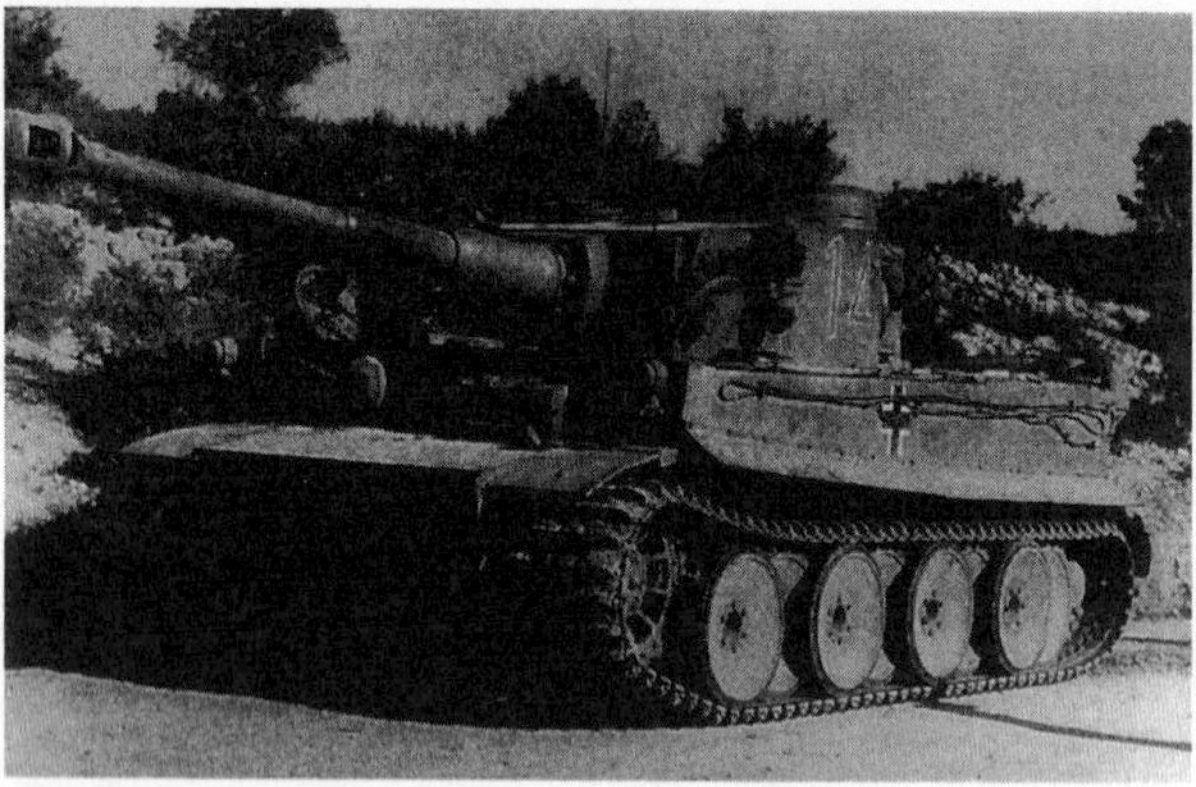

KV1に対抗して作られたティーガーI型。写真はアフリカ戦線の車輛。

発射速度が遅かった。これに対してパンターA型は七九発、ティーガーI型は九二発という、多数の弾薬を搭載できたのである。

重戦車の弱点に機動性の低さが取り上げられる場合が多い。JS2ももちろん重戦車であるから、T34などの中戦車に比べたら機動性は低いが、それは充分に許容の範囲内にあった。やはり、全備重量が軽いということは、大きなメリットなのだ。

両軍の重戦車運用に起因してか、JS2とティーガーIが直接ぶつかりあう機会は意外に少なかったようだ。そして両者の優劣はほぼ互角で、それぞれ戦闘の状況によって五分五分の勝敗結果であったといわれている。

第二次大戦の重戦車競争は、このようにソ連とドイツの間で始まったが、他の列強諸国の状況はどうだったのだろう。

戦車を生んだ英国は、戦車の運用について他国とは違った考えを持っていた。従来のように歩兵の進撃を支援する、低速ではあるが重装甲の「歩

大戦末期に出現したティーガーII型。強力な88ミリ砲で、無敵を誇った。

兵戦車」と、機動性に重点を置いた「巡航戦車」という二系列の戦車を主力として、大戦にのぞんだのである。この方策は結果的には失敗で、英軍は大戦の後半を米国製戦車で戦わなければならなくなるのだが、性格的には「歩兵戦車」が重戦車的な要素を強く持っており、その代表が戦車の生みの親でもあったウインストン・チャーチル首相の名をニックネームとする歩兵戦車IV型であった。

重量約四〇トンのチャーチル戦車は装甲こそ最大一〇二ミリと厚かったが、最初のI、II型は七五ミリ砲を車体前面に積み、砲塔には二ポンド砲（四〇ミリ）を装備するという設計だったのに加え、最大時速が約二五キロという低速で、ディエップの上陸作戦に初めて使われたが作戦の失敗もあって不幸なスタートとなった。VII型になって主砲塔に七五ミリ砲が装備され、装甲も最大一五二ミリに増加したが、最大時速はさらに遅くなり、二〇キロになってしまった。

米国も重量約五五トンのM6重戦車の試作を一

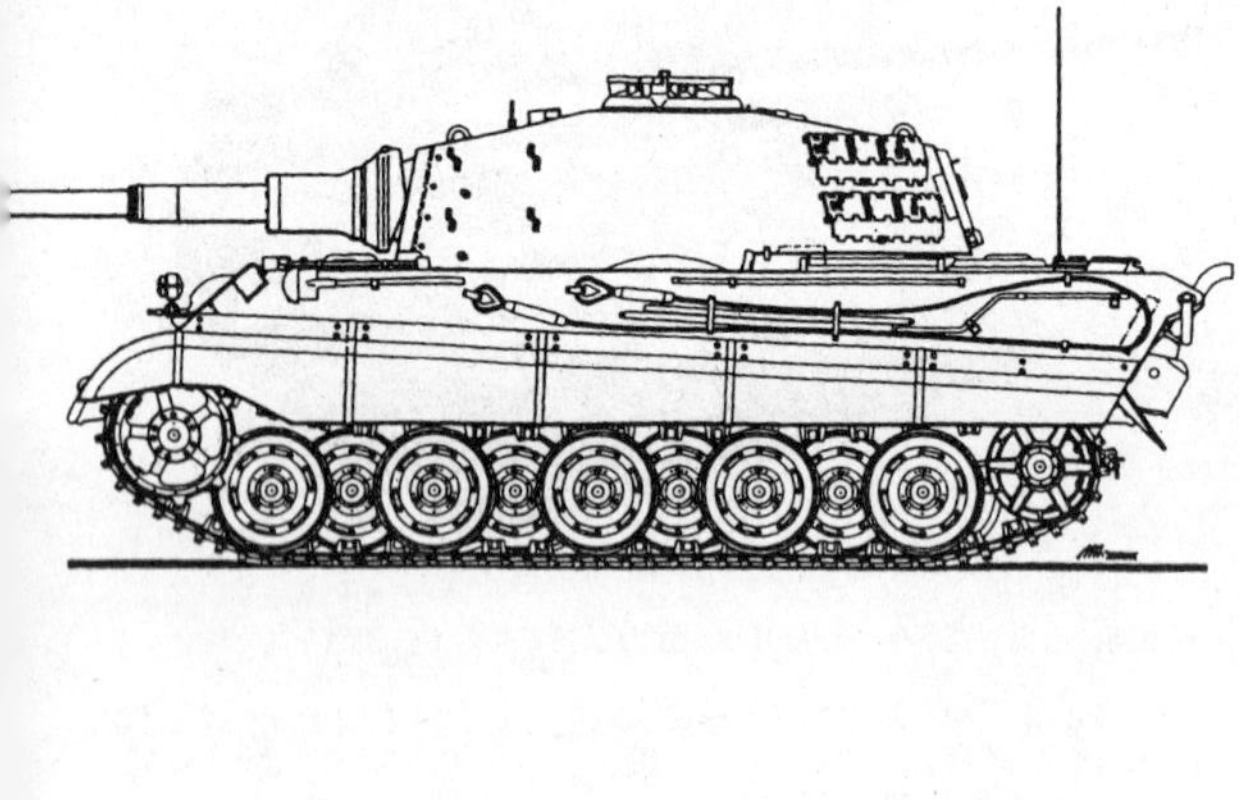

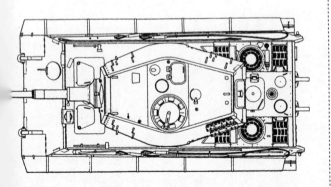

作図／村松 明

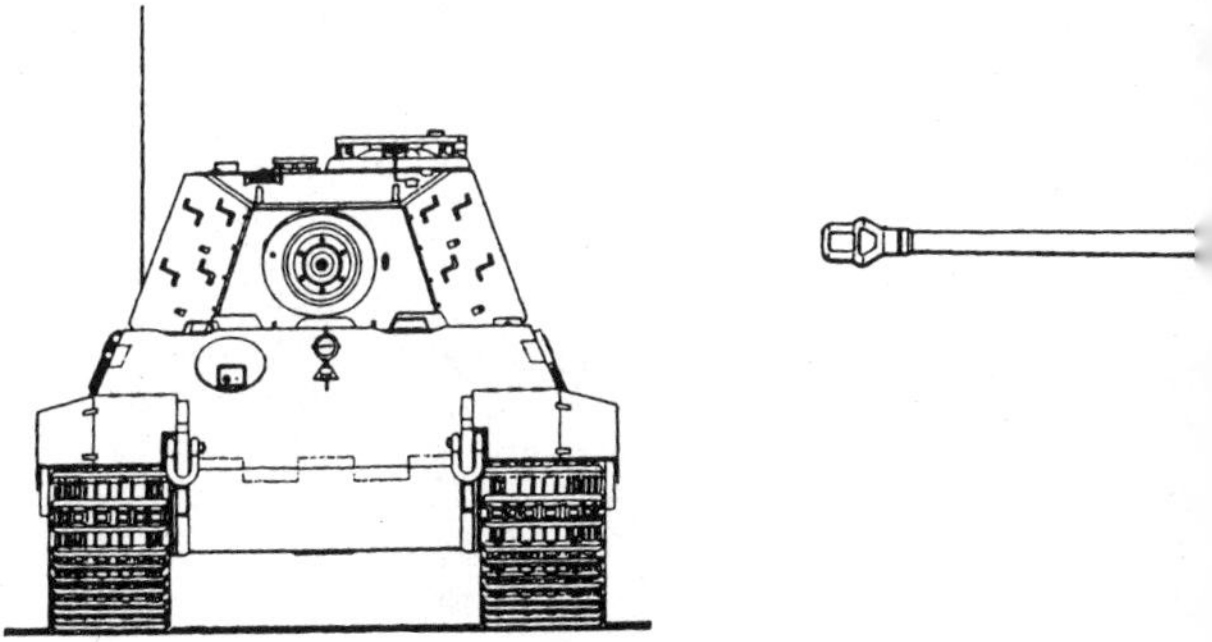

ティーガーII（ケーニヒスティーガー）
ヘンシェル砲塔型（ドイツ）

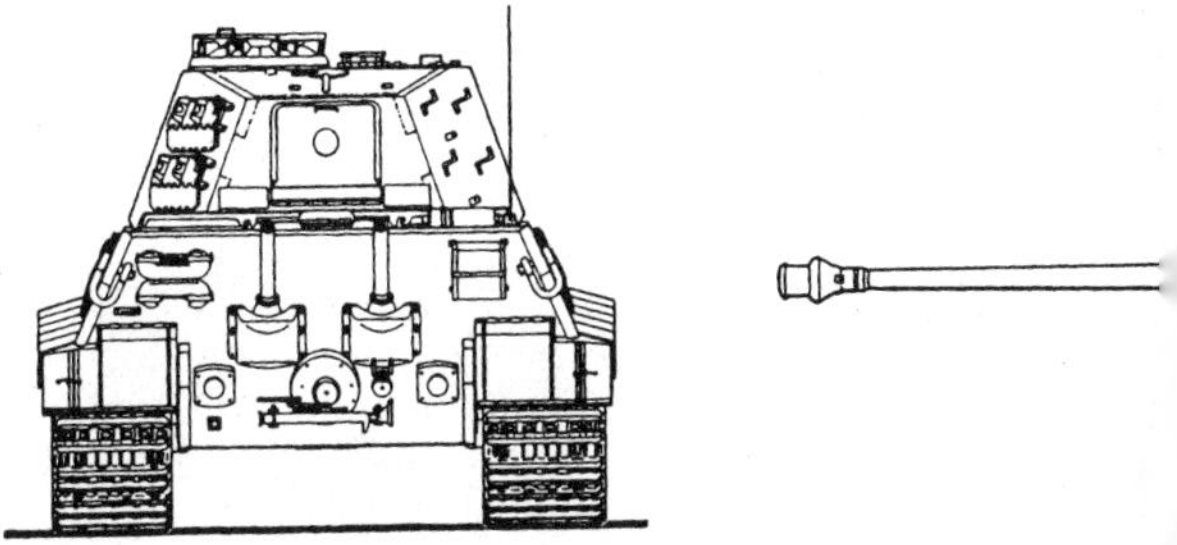

九四一年十二月に完成させていた。武装は七六・二ミリ砲で、後には一〇五ミリ砲装備の試作も行なわれている。各型合計四〇両が作られたが、海外への輸送を考えると、M4中戦車を量産した方が良いとの結論になり、部隊装備するまでにはいたらなかった。そして、ドイツのティーガー重戦車を撃破できる九〇ミリ砲装備の新重戦車M26が登場するのは、第二次大戦も先が見え始めた一九四五年になってからである。

フランスは大戦初頭で戦列から脱落し、日本、イタリアなど、他の戦車生産国は、こと重戦車については、ないに等しい状況だった。

一九四四年十一月、ドイツ軍はまったく新しい重戦車ティーガーII型を戦闘に投入した。重量七〇トンに近いこの戦車は、主砲に砲身長七一口径という長砲身の八八ミリ砲を搭載し、最厚部の装甲は実に一八五ミリに達する。まさに第二次大戦の掉尾を飾るにふさわしい怪物だった。新八八ミリ砲は二〇〇〇メートル以上の距離から各国のあらゆる戦車を撃破できた。

一方のソ連は、JS2の各所を改良した2m型を戦場に送っていたが、この時すでに、まったく新しい重戦車の設計が進行していたのである。

戦勝記念パレードでの勇姿

ドイツが敗れた後、一九四五年九月七日、廃墟となったベルリンのティーアガルテンで、戦勝を祝う連合軍の記念大パレードが行なわれた。参列した各国将星の前を、姿勢の低いカブトムシのような初めて見る重戦車が這うように行進していった。ソ連軍近衛第2戦車軍の戦車五二両の行進である。期せずして起こるどよめき……。これがソ連の新重戦車JS3が初めて西側関係者の前に登場した瞬間だった。どこからも撃ち破れないようなスロープを組み合わせた理想的な砲塔と車体の形状と、溶接部分からも充分推察できる重装甲、大威力が秘められた一二二ミリ戦車砲、快調なディーゼルエンジンの響き、JS3の優美なうちに感じられる強大な戦闘力は、その瞬間から、今やっと平和な時を迎えたばかりの、世界中の戦車関係者の新しい目標となった。

戦争の終結と共に生産はスローダウンしたが、いっぽうではその概念も変わりつつあった。第二次大戦の終結によって重戦車の時代は終わったかに見えたが、それは新しい展開へのスタートであった。装甲兵力の中心となるのはバランスのとれた力を持つ中戦車であるのは変わりないにしても、その重量、武装とも一回り大きくなり、五〇トン級が主体になってくる。かつては重戦車として区分されていたサイズである。これは小型軽量なエンジンをはじめ関連技術の進歩によって、初めて可能になった。

ソ連のＫＶ１に始まる第二次大戦を舞台とした重戦車の時代は、同じソ連のＴ10Ｍによって幕を閉じた。しかし、世界の現状を見るに、大型化、強力化した各国の主力戦車といわれているもの自体が、見方によっては「重戦車」といえるようにも思える。主力戦車の今後の方向はまた変わって行くであろうが、少なくとも今日の時点では、現代こそ「重戦車」の最盛期であるといえるのかも知れない。

WWII／性能別『名戦闘機10傑』総点検——雑誌「丸」昭和五十七年十一月号
東西ハイスピード☆ボマー技術白書——雑誌「丸」昭和五十一年一月号
世界の傑作艦上雷撃・爆撃機——雑誌「丸」別冊・戦史と旅十七号・平成十一年七月
私がテストしたメッサーの実力——雑誌「丸」別冊・戦史と旅十六号・平成十一年五月
名機ムスタングについての一考察——雑誌「丸」昭和三十七年十一月号
華麗なる王者　世界の名戦艦識別帳——雑誌「丸」昭和四十五年三月号
第2次大戦／秘密潜水艦早わかり——雑誌「丸」昭和四十四年七月号
東西・正規空母〝攻防力〟徹底研究——雑誌「丸」昭和五十三年四月号
第二次大戦に登場した世界の傑作戦車はこれだ！——雑誌「丸」昭和三十七年五月号
地上戦の最強兵器『重戦車』が輝いた時代——雑誌「丸」平成九年十月号

解説

野原　茂

本書では陸海空の傑作兵器を取り上げている。筆者の専門分野は航空機なので、ここでは「最強戦闘機10傑」に登場する機体に準ずるものをピックアップし、解説としたい。

「最強戦闘機10傑」で選んだ各機は、それぞれの国を代表する戦闘機でもあるが、性能、装備などの面で秀でたわけではないものの、用兵上の適切さ、パイロットたちの技倆の高さなどの条件に恵まれ、実績面でそれらに近い功績を残した機体も少なくない。第二次世界大戦期の戦闘機界を、広い視野で見るという意味で、以下にそうした機体のいくつかを紹介し、当項の補完に供してみたい。

まず、零戦にとって緒戦期の宿敵でもあった、アメリカ海軍／海兵隊のグラマンF４Fワイルドキャットが挙げられる。性能面で劣ったものの、機体の頑強さ、射撃兵装の優秀さなどの長所を生かした空戦術を用いて、結果的には互角以上の戦績を残し、対日反攻の先鋒となった。

その零戦に一方的に敗れた、アメリカはブリュースター社製のF２A／B‐339バッファローも、フィンランドに輸出されたわずか四四機（B・239と称した）が、強大なソビエト空軍を相手に善戦敢闘して実に四四〇機も撃墜した。これは単純計算で一機あたり一〇機撃墜となり、世界最高の使用機数／戦果比率である。運用術、パイロット技倆の高さゆえのもので、彼らは本機に対し、敬愛の念を込め「空の真珠」と呼んでその存在を称えた。

空中戦を専らとするのではなく、いわゆる戦闘爆撃機として重要な存在を示した代表格が、アメリカのカーチスP・40ウォーホーク。性能的には二流機と陰口をたたかれながら、地中海／北アフリカ戦域では連合軍側攻勢の矢面に立ち、最終的勝利に大きく貢献した。各国への供与機も含め、一万三七〇〇機余の膨大な生産数を記録したのも偉大。

このP・40に似た扱いで名を残したのが、イギリス空軍のホーカー・ハリケーン、同タイフーンの両機。ハリケーンは、地中海／北アフリカ、ドイツ占領下のフランス、オランダ、ベルギー沿岸部に対する夜間侵攻、タイフーンは、一九四四年六月の大陸反攻上陸作戦後の対地攻撃に、目覚ましい働きをした。

欧米流の戦闘機概念とはちょっと異なり、木製構造を多用した簡素な設計、高度三〇〇〇[illegible]揮するエンジンを搭載するなどして、最前線の陸軍地上部隊支援を第一義にしたソビエト空軍ヤク、およびラグ系もまた、別の視点で捉えれば、最強兵器の範疇に含められるだろう。

ヤク系は、Yak・1からYak・9までの四型式で総計三万六七〇〇機余、ラグ系はL

aaG‐3からLa‐7までの三型式で総計二万二二〇〇機余の膨大な数がつくられ、この雲霞のごとき量で戦場上空を圧し、最終的にドイツ軍を敗退せしめた。まさに〝数は力なり〟の格言を地でいった戦闘機である。

NF文庫

最強兵器入門　新装解説版

二〇二二年九月二十三日　第一刷発行

著　者　野原　茂　他

発行者　皆川豪志

発行所　株式会社　潮書房光人新社

〒100-8077　東京都千代田区大手町一-七-二

電話／〇三-六二八一-九八九一(代)

印刷・製本　凸版印刷株式会社

定価はカバーに表示してあります

乱丁・落丁のものはお取りかえ致します。本文は中性紙を使用

ISBN978-4-7698-3279-9　C0195

http://www.kojinsha.co.jp

NF文庫

刊行のことば

第二次世界大戦の戦火が熄《や》んで五〇年——その間、小社は夥しい数の戦争の記録を渉猟し、発掘し、常に公正なる立場を貫いて書誌とし、大方の絶讃を博して今日に及ぶが、その源は、散華された世代への熱き思い入れであり、同時に、その記録を誌して平和の礎とし、後世に伝えんとするにある。

小社の出版物は、戦記、伝記、文学、エッセイ、写真集、その他、すでに一、〇〇〇点を越え、加えて戦後五〇年になんなんとするを契機として、「光人社NF（ノンフィクション）文庫」を創刊して、読者諸賢の熱烈要望におこたえする次第である。人生のバイブルとして、心弱きときの活性の糧《かて》として、散華の世代からの感動の肉声に、あなたもぜひ、耳を傾けて下さい。

＊潮書房光人新社が贈る勇気と感動を伝える人生のバイブル＊

ＮＦ文庫

終戦時宰相 鈴木貫太郎

小松茂朗

昭和天皇に信頼された海の武人の生涯

太平洋戦争の末期、推されて首相となり、戦争の終結に尽瘁し日本の平和と繁栄の礎を作った至誠一途、気骨の男の足跡を描く。

艦船の世界史

大内建二

歴史の流れに航跡を残した古今東西の60隻

船の存在が知られるようになってからの約四五〇〇年、様々な船の発達の様子、そこに隠された様々な人の動きや出来事を綴る。

特殊潜航艇海龍

白石　良

本土防衛の切り札として造られ軍機のベールに覆われていた最後の決戦兵器の全容。命をかけた搭乗員たちの苛烈な青春を描く。

証言・ミッドウェー海戦

橋本敏男
田辺彌八ほか

私は炎の海で戦い生還した！

空母四隻喪失という信じられない戦いの渦中で、それぞれの司令官、艦長は、また搭乗員や一水兵はいかに行動し対処したのか。

中立国の戦い

飯山幸伸

スイス、スウェーデン、スペインの苦難の道標

戦争を回避するためにいかなる外交努力を重ね平和を維持したのか。第二次大戦に見る戦争に巻き込まれないための苦難の道程。

戦史における小失敗の研究

三野正洋

二つの世界大戦から現代戦まで

太平洋戦争、ベトナム戦争、フォークランド紛争など、かずかずの戦争、戦闘を検証。そこから得ることのできる教訓をつづる。